应用型人才培养精品教材

信息技术基础实训教程

余丽娜　彭　涛　边淑华　主　编
张谋权　付比鹤　付彩霞　郭春梅　曾　佳　康石生　副主编

电子工业出版社
Publishing House of Electronics Industry
北京·BEIJING

内 容 简 介

本书是《信息技术基础项目教程》配套的实训指导教材，提供了丰富的标准化知识练习题和实训操作测试。本书共有 8 个项目，将知识练习与实际运用相结合，对各项目的知识点进行了归纳总结。本书添加了全国计算机等级考试（一级）模拟题三套及解析，帮助读者熟悉与掌握等级考试的题型，进行专项练习，提高等级考试通过率。在本书的最后，提供了习题参考答案，方便读者自学。

本书可以作为应用型本科院校、高等职业院校、中等职业院校计算机应用基础课程的实训指导教材，也可作为计算机类专业的专用实训教材，以便与其他理论教材配套使用。

未经许可，不得以任何方式复制或抄袭本书之部分或全部内容。
版权所有，侵权必究。

图书在版编目（CIP）数据

信息技术基础实训教程 / 余丽娜，彭涛，边淑华主编. —北京：电子工业出版社，2023.8
ISBN 978-7-121-46087-6

Ⅰ.①信… Ⅱ.①余… ②彭… ③边… Ⅲ.①电子计算机－高等职业教育－教材 Ⅳ.①TP3

中国国家版本馆 CIP 数据核字（2023）第 146951 号

责任编辑：王　花
印　　刷：北京七彩京通数码快印有限公司
装　　订：北京七彩京通数码快印有限公司
出版发行：电子工业出版社
　　　　　北京市海淀区万寿路 173 信箱　邮编 100036
开　　本：787×1 092　1/16　印张：10　字数：256 千字
版　　次：2023 年 8 月第 1 版
印　　次：2025 年 9 月第 5 次印刷
定　　价：38.60 元

凡所购买电子工业出版社图书有缺损问题，请向购买书店调换。若书店售缺，请与本社发行部联系，联系及邮购电话：(010) 88254888，88258888。
质量投诉请发邮件至 zlts@phei.com.cn，盗版侵权举报请发邮件至 dbqq@phei.com.cn。
本书咨询联系方式：(010) 88254609，hzh@phei.com.cn。

前　言

本书是《信息技术基础项目教程》配套的实训指导教材。本书根据信息技术行业的发展现状，充分考虑职业教育的特色，从职业岗位所需的信息素养入手，以实际应用为主线，力求理论联系实际，结合作者多年的教学经验，精心编写而成。

本书对接教育部信息技术新课标，共有 8 个项目，包含 1 个拓展项目，收集了大量的资料，对各项目的知识点进行了归纳总结，提供了丰富的标准化试题测试和实训操作题。并且，本书添加了全国计算机等级考试（一级）模拟题三套，帮助学生熟悉与掌握等级考试的题型，进行专项练习，提高等级考试通过率。作者围绕各知识点精心编写了典型例题，力求做到通俗易懂、语言精练、实用性强。本书提供了相关的案例素材及参考答案，读者可以登录华信教育资源网（www.hxedu.com.cn），免费注册后下载相关资源。如有问题可在网站留言板中留言或与电子工业出版社联系（E-mail：hxedu@phei.com.cn）。

本书由余丽娜、彭涛、边淑华担任主编，张谋权、付比鹤、付彩霞、郭春梅、曾佳、康石生担任副主编。

本书各项目中涉及的"单位名称""姓名""个人信息"等内容纯属虚构，如有雷同，纯属巧合。由于编者水平有限，加之时间仓促，书中难免有疏漏和不妥之处，敬请各位读者和专家批评指正。

编　者

目　　录

项目 1　认识和使用计算机 ·· 1
　　知识练习 ·· 1
　　实训操作 ·· 8

项目 2　Windows 操作系统的应用 ·· 14
　　知识练习 ·· 14
　　实训操作 ·· 23

项目 3　Word 文档的制作及应用 ·· 26
　　知识练习 ·· 26
　　实训操作 ·· 31

项目 4　Excel 数据管理与分析 ··· 47
　　知识练习 ·· 47
　　实训操作 ·· 53

项目 5　演示文稿的制作 ·· 77
　　知识练习 ·· 77
　　实训操作 ·· 81

项目 6　网络基础应用与信息检索 ··· 93
　　知识练习：标准化试题测试 ·· 93
　　实训操作：实训操作测试 ··· 96

项目 7　新一代信息技术 ·· 102
　　知识练习：标准化试题测试 ·· 102
　　实训操作：实训操作测试 ··· 103

项目 8　图形图像处理基础（拓展项目） ··· 105
　　知识练习 ·· 105
　　实训操作 ·· 107

计算机基础知识模拟题 …………………………………………………………………… 109

计算机基础知识练习题答案 ………………………………………………………………… 114

实操模拟题一 ………………………………………………………………………………… 115

实操模拟题二 ………………………………………………………………………………… 118

实操模拟题三 ………………………………………………………………………………… 121

实操模拟题一解析 …………………………………………………………………………… 124

实操模拟题二解析 …………………………………………………………………………… 131

实操模拟题三解析 …………………………………………………………………………… 141

习题参考答案 ………………………………………………………………………………… 150

项目 1
认识和使用计算机

知识练习

一、单项选择题

1. 世界上第一台电子计算机诞生于（　　）。
   A. 1945 年　　　　B. 1946 年　　　　C. 1947 年　　　　D. 1948 年
2. 第一台电子计算机的英文缩写名是（　　）。
   A. ENIAC　　　　B. MARK　　　　C. EDVAC　　　　D. EDSAC
3. 计算机的发展大致可分为四个阶段，第一代计算机为（　　）。
   A. 晶体管计算机　　　　　　　　　B. 中小规模集成电路计算机
   C. 电子管计算机　　　　　　　　　D. 超大规模集成电路计算机
4. 第四代计算机采用的主要逻辑元件是（　　）。
   A. 电子管　　　　　　　　　　　　B. 晶体管
   C. 中小规模集成电路　　　　　　　D. 超大规模集成电路
5. 应用软件指（　　）。
   A. 所有能够使用的软件
   B. 所有微型计算机中都应使用的基本软件
   C. 专门为实现某一应用目的而编制的软件
   D. 能被各应用单位共同使用的某种软件
6. 配置高速缓冲存储器（Cache）是为了解决（　　）。
   A. 内存与辅助存储器之间速度不匹配的问题
   B. CPU 与辅助存储器之间速度不匹配的问题
   C. CPU 与主存储器之间速度不匹配的问题
   D. 主机与外围设备之间速度不匹配的问题
7. 机器人是计算机在（　　）方面的应用。
   A. 人工智能　　　B. 数据处理　　　C. 实时控制　　　D. 科学计算
8. 在计算机应用领域中，CAD 的含义是（　　）。

A．计算机辅助制造　　　　　　　　B．计算机辅助设计
C．计算机辅助教学　　　　　　　　D．计算机辅助测试
9．在计算机应用领域中，CAI 的含义是（　　）。
A．计算机辅助测试　　　　　　　　B．计算机辅助制造
C．计算机辅助教学　　　　　　　　D．计算机辅助设计
10．计算机的主要特点有运算速度快、计算精度高、自动执行程序、具有（　　）及处理信息和数据的能力。
A．过程控制的能力　　　　　　　　B．程序设计的能力
C．程序控制的能力　　　　　　　　D．记忆和逻辑判断的能力
11．世界上首次提出存储程序和程序控制计算机体系结构的科学家是（　　）。
A．冯·诺依曼　　B．布尔　　　　C．莫奇莱　　　　D．图灵
12．计算机的工作过程就是（　　）的过程。
A．程序设计　　　B．处理信息　　C．执行程序　　　D．程序控制
13．计算机的工作原理是（　　）。
A．程序设计和程序控制　　　　　　B．程序设计和程序存储
C．程序存储和程序运行　　　　　　D．程序存储和程序控制
14．一个完整的微型计算机系统应包括（　　）。
A．计算机及外部设备　　　　　　　B．主机箱、键盘、显示器和打印机
C．硬件系统和软件系统　　　　　　D．系统软件和系统硬件
15．计算机系统的主要性能指标包括（　　）、主频、运算速度、存储容量、可靠性、可维护性及兼容性等。
A．位　　　　　　B．精度　　　　C．字节　　　　　D．字长
16．键盘上的 Caps Lock 键是（　　）。
A．大写字母锁定键　　　　　　　　B．换挡键
C．数字锁定键　　　　　　　　　　D．回车键
17．键盘上的 Shift 键是（　　）。
A．中英文切换键　B．控制键　　　C．交换键　　　　D．换挡键
18．键盘上的 Num Lock 键是（　　）。
A．回车键　　　　B．交换键　　　C．控制键　　　　D．数字锁定键
19．键盘上的 Enter 键是（　　）。
A．删除键　　　　B．回车键　　　C．取消键　　　　D．空格键
20．键盘上的 Ctrl 键是（　　）。
A．控制键　　　　B．换挡键　　　C．退格键　　　　D．交换键
21．计算机硬件系统的五个基本组成部分包括（　　）、控制器、存储器、输入设备及输出设备。
A．中央处理器　　B．运算器　　　C．显示器　　　　D．磁盘驱动器
22．在计算机中，运算器的主要功能是进行（　　）。
A．逻辑运算　　　　　　　　　　　B．算术运算
C．算术运算和逻辑运算　　　　　　D．算术运算或逻辑运算
23．在计算机中，对数据进行加工与处理的部件通常被称为（　　）。

A．运算器 B．控制器 C．显示器 D．存储器

24．在计算机中，控制器的基本功能是（　　）。
   A．存储各种控制信号
   B．产生各种控制信号
   C．传送各种控制信号
   D．发出各种控制信号，指挥并协调各部件正确地执行程序

25．通常，将运算器和控制器集成在一块芯片上，构成中央处理器。中央处理器的简称是（　　）。
   A．主机 B．ALU C．CPU D．UBS

26．CPU 能直接访问的存储器是（　　）。
   A．光盘 B．内存 C．硬盘 D．软盘

27．在微型计算机中，主机包括（　　）。
   A．CPU 和存储器 B．CPU 和硬盘
   C．CPU 和内存储器 D．CPU 和外存储器

28．主机板上的 CMOS 芯片的主要用途是（　　）。
   A．管理内存与 CPU 的通信
   B．存储基本 BIOS、引导程序和自检程序
   C．存储时间、日期、硬盘参数与计算机配置信息
   D．增加内存的容量

29．基本输入/输出系统 BIOS 是（　　）。
   A．外设 B．软件 C．外存 D．总线

30．微型计算机中的 Cache 是（　　）。
   A．动态存储器 B．静态存储器
   C．高速缓冲存储器 D．可编程存储器

31．在计算机中，内存储器分为 RAM 和 ROM。其中，RAM 是（　　）。
   A．随机存储器 B．高速缓冲存储器
   C．只读存储器 D．顺序读写存储器

32．断电会使原来存储的信息丢失的存储器是（　　）。
   A．硬盘 B．光盘 C．ROM D．RAM

33．双击打开一个程序文件，实际上是将它调入（　　）中运行。
   A．RAM B．ROM C．CD-ROM D．CPU

34．存储的信息只能读出，不能写入，断电后信息也不会丢失的存储器是（　　）。
   A．磁带 B．RAM C．ROM D．闪盘

35．一台计算机的硬盘容量标注为 800GB，其存储容量是（　　）。
   A．800×2^{10}B B．800×2^{20}B C．800×2^{30}B D．800×2^{40}B

36．硬盘是一种（　　）。
   A．内存储器 B．外存储器 C．只读存储器 D．随机存储器

37．人们通常所说的"裸机"指（　　）。
   A．只装备操作系统的计算机 B．不带输入/输出设备的计算机
   C．未装备任何软件的计算机 C．计算机主机暴露在外

38．计算机的内存容量是计算机的主要性能指标之一，内存容量指（   ）。
  A．ROM 的容量   B．RAM 的容量
  C．EPROM 的容量   D．ROM 和 RAM 的容量
39．在计算机中，bit 的中文含义是（   ）。
  A．二进制位   B．字节   C．字   D．双字
40．在内存中，每个存储单元都被赋予一个唯一的序号，这个序号被称为（   ）。
  A．字节   B．编号   C．地址   D．容量
41．计算机存储容量的基本单位是（   ）。
  A．扇区   B．磁道   C．字节   D．字长
42．微型计算机通常根据微处理器划分发展阶段，通常所说的 64 位机指（   ）。
  A．可表示的最大数值为 64 位
  B．能处理最多为 64 位的十进制数
  C．表示一次能处理的二进制数的最大位数是 64 位
  D．能处理的字符串为 64 个字符
43．在微型计算机中，CD-ROM 是（   ）。
  A．只读型硬盘   B．只读型软盘   C．只读型移动盘   D．只读型光盘
44．下列设备中，属于输入设备的是（   ）。
  A．键盘   B．绘图仪   C．打印机   D．显示器
45．下列设备中，属于输出设备的是（   ）。
  A．摄像头   B．扫描仪   C．显示器   D．光电笔
46．显示器的显示效果与（   ）有关。
  A．屏幕大小   B．亮度   C．对比度   D．分辨率
47．主板上的 AGP 插槽用于插（   ）。
  A．声卡   B．显卡   C．网卡   D．内存条
48．根据总线上传送信息的差异，一般将总线分为控制总线、地址总线及（   ）。
  A．信号总线   B．内部总线   C．数据总线   D．外部总线
49．在微型计算机中，实现主机与外设之间的信息交换必须通过（   ）。
  A．光缆   B．接口   C．总线   D．电缆
50．把内存中的数据传送到计算机的外存中，这个过程被称为（   ）。
  A．输入   B．读盘   C．输出   D．写盘
51．在计算机应用技术中，AI 表示（   ）。
  A．办公自动化   B．决策支持系统   C．人工智能   D．管理信息系统
52．在计算机中，内存储器与外存储器相比，内存储器的主要特点是（   ）。
  A．读写速度快，存储容量大   B．读写速度快，存储容量小
  C．读写速度慢，存储容量小   D．运算速度慢，存储容量大
53．微型计算机通常用微处理器的（   ）进行分类。
  A．价格   B．字长   C．性能   D．规格
54．在微型计算机中，普遍使用的字符编码是（   ）。
  A．ASCII 码   B．BCD 码   C．外码   D．拼音码
55．下列字符中，ASCII 码最大的是（   ）。

　　　　A．E　　　　　　B．L　　　　　　C．y　　　　　　　D．h
56．汉字国标码规定，一个汉字使用（　　）。
　　　　A．一字节表示　　B．两字节表示　　C．三字节表示　　D．四字节表示
57．汉字输入码虽然很多，但在机器内部，这些输入码都被转换成统一的编码，这种编码被称为（　　）。
　　　　A．字形码　　　　B．国标码　　　　C．内码　　　　　D．外码
58．在汉字系统的汉字字库里存放的是汉字的（　　）。
　　　　A．机内码　　　　B．输入码　　　　C．字形码　　　　D．国标码
59．在计算机内部，存储和处理数据一律采用（　　）。
　　　　A．十六进制　　　B．十进制　　　　C．八进制　　　　D．二进制
60．在计算机中采用二进制，其原因是（　　）。
　　　　A．可降低硬件成本　　　　　　　　B．两个状态的系统具有稳定性
　　　　C．二进制的运算法则简单　　　　　D．上述三个原因
61．微机系统的开机顺序是（　　）。
　　　　A．先开主机后开显示器　　　　　　B．先开外设后开主机
　　　　C．先开主机后开打印机　　　　　　D．先开主机后开外设
62．计算机软件系统包括（　　）。
　　　　A．编译软件和连接程序　　　　　　B．程序和数据
　　　　C．数据软件和管理软件　　　　　　D．系统软件和应用软件
63．计算机软件由程序、文档和（　　）组成。
　　　　A．指令　　　　　B．工具　　　　　C．数据　　　　　D．语句
64．系统软件中的核心软件是（　　）。
　　　　A．操作系统　　　B．各种工具软件　C．语言处理程序　D．数据库管理系统
65．语言处理程序属于（　　）。
　　　　A．应用软件　　　B．图形软件　　　C．系统软件　　　D．字处理软件
66．通常将计算机的指令集合称为（　　）。
　　　　A．数据　　　　　B．程序　　　　　C．软件　　　　　D．语言
67．数据库管理系统属于（　　）。
　　　　A．应用软件　　　B．工具软件　　　C．系统软件　　　D．编辑系统
68．操作系统是（　　）。
　　　　A．软件与硬件的接口　　　　　　　B．计算机与用户的接口
　　　　C．主机与外设的接口　　　　　　　D．高级语言与机器语言的接口
69．操作系统的主要功能是（　　）。
　　　　A．控制和管理计算机系统软件资源
　　　　B．控制和管理数据库系统和语言处理系统
　　　　C．控制和管理计算机系统硬件资源
　　　　D．控制和管理计算机系统软、硬件资源
70．操作系统文件管理的主要功能是（　　）。
　　　　A．实现按文件内容存储　　　　　　B．实现虚拟存储
　　　　C．实现按文件名存取　　　　　　　D．实现文件高速输入/输出

71．计算机能够直接识别和处理的语言是（　　）。
　　A．汇编语言　　　B．自然语言　　　C．高级语言　　　D．机器语言
72．使用高级语言编写的程序被称为（　　）。
　　A．源程序　　　　B．解释程序　　　C．编译程序　　　D．目标程序
73．计算机语言包括（　　）。
　　A．机器语言、BASIC语言和C语言
　　B．二进制代码语言、机器语言和高级语言
　　C．机器语言、汇编语言和高级语言
　　D．机器语言、汇编语言和数据库语言
74．机器语言又被称为（　　）。
　　A．汇编语言　　　B．数据库语言　　C．高级语言　　　D．二进制代码语言
75．将高级语言编写的程序翻译成机器语言程序，采用的两种翻译方式是（　　）。
　　A．编译和链接　　B．解释和汇编　　C．编译和汇编　　D．编译和解释
76．下列属于系统软件的是（　　）。
　　A．AutoCAD　　　　　　　　　　　B．Windows 10
　　C．Adobe Photoshop　　　　　　　　D．Microsoft Word
77．下列属于应用软件的是（　　）。
　　A．DOS　　　　　B．UNIX　　　　　C．Windows 10　　D．Adobe Flash
78．某公司的财务管理软件属于（　　）。
　　A．工具软件　　　B．系统软件　　　C．应用软件　　　D．编辑软件
79．个人计算机属于（　　）。
　　A．巨型机　　　　B．中型机　　　　C．小型机　　　　D．微型机
80．运算速度是计算机的性能指标之一，一般用（　　）来衡量。
　　A．Mbps　　　　　B．ns　　　　　　C．MIPS　　　　　D．GHz
81．在计算机死机的情况下，重新启动时不经过自检的方式是（　　）。
　　A．按Ctrl+Alt+Delete组合键　　　　B．单击"Reset"按钮
　　C．按Shift+Alt+Delete组合键　　　　D．单击"Power"按钮
82．在计算机中，存储容量为1GB，表示（　　）。
　　A．1024×1024×1024字　　　　　　　B．1024×1024×1024字节
　　C．1000×1000×1000字　　　　　　　D．1000×1000×1000字节
83．下列情况中，属于引发磁盘信息丢失的原因是（　　）。
　　A．长时间放置不用　　　　　　　　B．读写时间过长
　　C．放在强磁场附近　　　　　　　　D．放在低温中保存
84．（　　）是CPU的主要性能指标之一，用于表示CPU内核工作的时钟频率。
　　A．外频　　　　　B．主频　　　　　C．位　　　　　　D．字长
85．微型计算机的性能主要由（　　）决定。
　　A．质量　　　　　B．控制器　　　　C．CPU　　　　　 D．性能比
86．十六进制数在书写时常在后面加字母（　　）。
　　A．H　　　　　　 B．O　　　　　　 C．D　　　　　　 D．B
87．下列关于字符之间大小关系的说法中，正确的是（　　）。

A．空格符>a>A　　B．a>A>空格符　　C．空格符>A>a　　D．A>a>空格符

88．将二进制数 10111 转化成十进制数是（　　）。
    A．21　　　　　　B．22　　　　　　C．23　　　　　　D．24

89．将二进制数 110101 转换成八进制数是（　　）。
    A．(75)$_8$　　　B．(56)$_8$　　　C．(65)$_8$　　　D．(57)$_8$

90．将二进制数 1001010 转换成十六进制数是（　　）。
    A．(410)$_{16}$　　B．(104)$_{16}$　　C．(A4)$_{16}$　　D．(4A)$_{16}$

91．下列 4 个数中，最大的是（　　）。
    A．(111011)B　　B．(61)D　　　　C．(74)O　　　　D．(3A)H

92．计算机病毒指（　　）。
    A．人为设计的具有破坏性的程序代码　　B．为保护正版软件设计的特殊程序
    C．具有传染性的病菌　　　　　　　　　D．磁盘生霉不能使用

93．发现计算机病毒后，比较彻底的清除方式是（　　）。
    A．用查毒软件处理　　　　　　　　　　B．用杀毒软件处理
    C．格式化磁盘　　　　　　　　　　　　D．删除磁盘文件

94．计算机病毒主要破坏（　　）。
    A．磁盘驱动器　　B．软盘　　　　　C．程序和数据　　D．硬盘

95．下列选项中，（　　）不属于计算机病毒的特征。
    A．破坏性　　　　B．潜伏性　　　　C．免疫性　　　　D．传染性

96．防火墙能够（　　）。
    A．杜绝病毒对计算机的入侵　　　　　　B．自动发现病毒入侵的某些迹象
    C．自动阻止任何病毒的入侵　　　　　　D．自动清除已感染的所有病毒

97．发现计算机感染病毒后，应采取的做法是（　　）。
    A．重新启动计算机并格式化硬盘
    B．用一张无毒系统光盘重新启动计算机后，再用杀毒软件进行杀毒
    C．重新启动计算机并删除硬盘上的文件
    D．直接用杀毒软件进行杀毒，就可以清除所有病毒

98．下列选项中，不会造成计算机病毒传播的是（　　）。
    A．浏览网页　　　B．电子邮件　　　C．键盘　　　　　D．U 盘

99．常见的保证网络安全的工具是（　　）。
    A．防病毒工具　　B．操作系统　　　C．防火墙　　　　D．网络快车

100．按寄生方式分类，计算机病毒可分为文件型、复合型及（　　）。
    A．破坏型　　　　B．引导型　　　　C．潜伏型　　　　D．传染型

二、判断题

1．计算机与其他计算工具的本质区别是能存储数据和程序。　　　　　　　　　（　　）
2．硬盘上的信息可直接进入 CPU 进行处理。　　　　　　　　　　　　　　　　（　　）
3．在操作计算机的过程中，如果突然断电，则在 RAM 和 ROM 中保存的信息会全部丢失。　　　　　　　　　　　　　　　　　　　　　　　　　　　　　　　　　（　　）

4．在微型计算机中，任何外设都可以直接与主机进行信息交换。（   ）
5．在微型计算机应用领域中，会计电算化属于科学计算应用领域。（   ）
6．新磁盘必须格式化后才能使用。（   ）
7．键盘和显示器是微型计算机不可缺少的外部设备，其简称为 I/O 设备。（   ）
8．显示器上所显示的内容既有计算机运行的结果，也有用户从键盘输入的内容，因此显示器既是输入设备又是输出设备。（   ）
9．运算器又被称为算术逻辑部件，其简称为 ALU。（   ）
10．显示适配器是系统总线和显示器之间的接口。（   ）
11．键盘上的 Ctrl 键主要起控制作用，它必须与其他键同时按下才有效。（   ）
12．硬件系统指微型计算机主机箱中的所有设备。（   ）
13．系统软件是从市场上买来的软件，而应用软件是用户自己编写的软件。（   ）
14．计算机可以直接执行用高级语言编写的程序。（   ）
15．计算机病毒只会破坏磁盘上的程序。（   ）
16．计算机病毒是一种程序代码，目的是破坏和干扰计算机系统正常运行。（   ）
17．计算机病毒可以利用系统、应用软件的漏洞进行传播。（   ）
18．安装了防火墙软件的计算机就不会被病毒干扰和破坏。（   ）
19．在计算机内，多媒体数据最终是以特殊的压缩码的形式保存的。（   ）
20．触摸屏是一种能够快速进行人机对话的工具。（   ）

实训操作

任务1　安装个人计算机

操作要求：

计算机部件选购完成后，需要将各部件安装到计算机机箱中并连接外部设备，检查完备后才能开机安装计算机软件。

操作步骤

1．工具准备

在安装和维护计算机之前要准备必要的安装、拆卸和除尘工具，常用的计算机安装工具如图 1-1 所示。

2．配件及材料准备

① 准备配件：主板、CPU、散热器、内存条、硬盘、机箱及电源、显示器、键盘、鼠标、数据线、电源线等。

② 辅助器材：电源插板、海绵垫等。

③ 耗材：导热硅脂、风扇油、焊锡等。

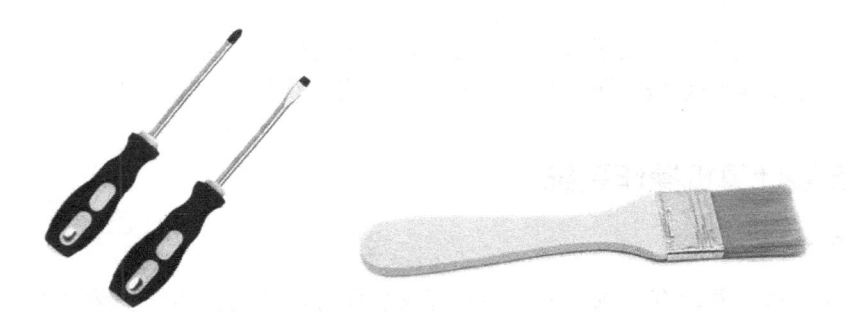

图 1-1 计算机安装工具

3．计算机硬件安装注意事项

① 释放人体静电。在安装前用手触摸一下接地的导电体或通过洗手释放身上的静电。

② 查阅说明书。把所有配件从盒子里拿出来（但先不要从防静电袋子中拿出来），按照安装顺序排好并查看说明书，确定是否有特殊的安装需求。

③ 规范放置配件及工具。把所有配件及工具等按照要求摆放在工作台上。

④ 注意安装顺序。在主板装进机箱前，应先装上 CPU 和内存条，否则，在机箱内很难装好，甚至可能损坏主板。

⑤ 使用正常的安装方法。不可粗暴安装，以免用力不当使引脚折断或变形。

⑥ 防止液体进入计算机内部。严禁液体进入计算机内部的板卡上。

⑦ 安装部件要稳固。在安装显卡、声卡时，要确定其是否安装牢固，以免在上螺钉时造成板卡松动或变形，导致不能正常工作甚至损坏。

⑧ 注意安装测试。测试前，建议只装主板、CPU、CPU 风扇、内存条、硬盘、显卡等必要的配件。待测试确定系统正常后再安装其他设备。

⑨ 通电前注意检查。装完硬件后，要再次检查 CPU、风扇、电源线连接、内存安装方向是否正确，轻轻晃动一下机箱确定有无异常响声，以免有螺钉散落到机箱中引起通电短路。第一次安装完成后暂时不要关闭机箱，以便及时解决出现的问题。

4．台式计算机的安装步骤

步骤 1：安装机箱电源。主要是对机箱进行拆封，并将电源安装到机箱中。如果机箱较小，也可先装好其他部件后再安装电源。

步骤 2：安装 CPU 和 CPU 风扇。将 CPU 安装在主板上的处理器插槽中，安装时 CPU 引脚要与 CPU 插槽上的针孔对齐。

步骤 3：安装内存条。将内存条插入主板内存插槽中。

步骤 4：安装主板。将主板安装在机箱板架上。

步骤 5：安装显卡。根据显卡接口选择合适的插槽。

步骤 6：安装驱动器。将硬盘和光驱固定到机箱中的指定位置。

步骤 7：机箱与主板间的连线。包括各种指示灯线、电源开关线、硬盘和光驱的电源线和数据线的连接。

步骤 8：连接输入/输出设备。将键盘、鼠标和显示器与主机连接。

步骤 9：再次检查各连接线，准备测试。

步骤 10：整理内部连线并合上机箱盖。

步骤 11：开机通电，若显示器能够正常显示，表明硬件安装正确。
步骤 12：安装操作系统、驱动程序以及常用的应用软件。

任务 2　安装计算机操作系统

操作要求：

安装完硬件后，并没有完成计算机的全部安装任务，还需要为它安装操作系统。本任务将介绍使用光盘安装 Windows 10 的方法与步骤。

操作步骤

1. 将 Windows 10 的安装光盘放入光驱，启动计算机，按 F12 键，进入 Boot Device 选择界面，选择 DVD 选项，按 Enter 键，如图 1-2 所示。

注意：该设置方法根据主板的区别而有所不同，请参阅主板的说明书。

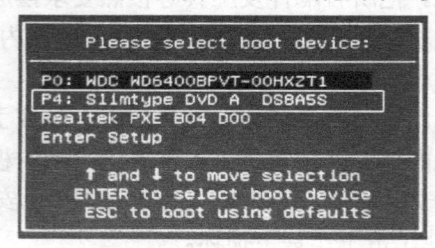

图 1-2　Boot Device 选择界面

2. 出现如图 1-3 所示的光驱启动提示信息，按任意键后将通过光驱启动。

图 1-3　光驱启动提示信息

3. 通过光驱启动后，弹出"Windows 安装程序"对话框，如图 1-4 所示，在对话框中，设置"要安装的语言""时间和货币格式""键盘和输入方法"，设置完成后，单击"下一步"按钮。

图 1-4　"Windows 安装程序"对话框

4. 自动跳转至如图 1-5 所示的界面,单击"现在安装"按钮。

图 1-5　单击"现在安装"按钮

5. 自动跳转至如图 1-6 所示的界面,在文本框中输入产品密钥以激活 Windows,单击"下一步"按钮。

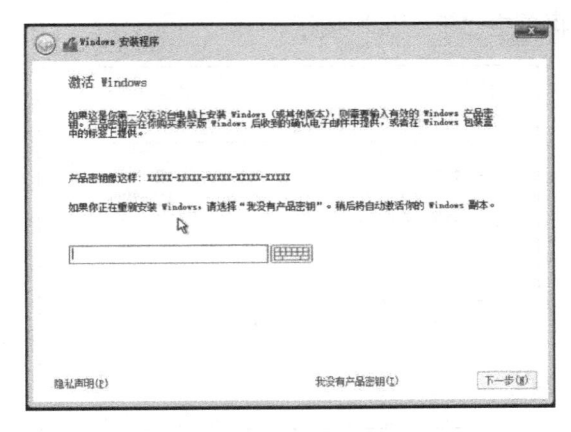

图 1-6　输入产品密钥以激活 Windows

6. 自动跳转至如图 1-7 所示的界面,选择操作系统的版本。用户可根据需要选择"Windows 10 家庭版"或"Windows 10 专业版"选项,选择完成后,单击"下一步"按钮。

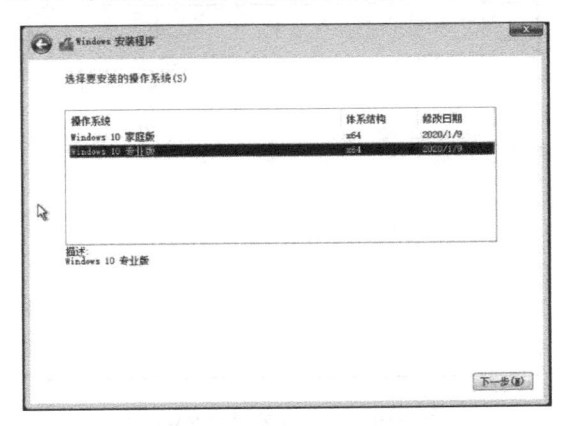

图 1-7　选择操作系统的版本

7．自动跳转至如图1-8所示的界面，选择安装类型。用户可以选择"升级"或"自定义"选项，此处建议新安装操作系统的用户选择"自定义"选项。

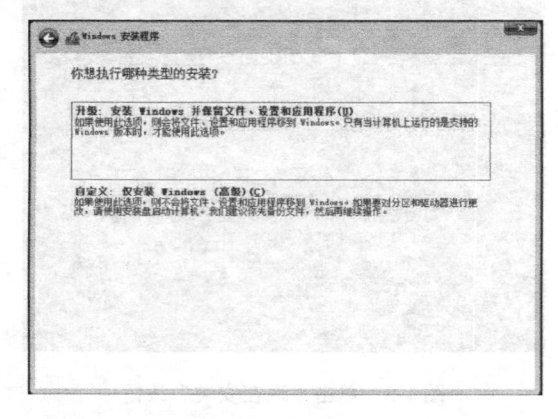

图1-8　选择安装类型

8．自动跳转至如图1-9所示的界面，选择驱动器。此处选择"驱动器0分区1"选项，单击"格式化"按钮，再单击"下一步"按钮。

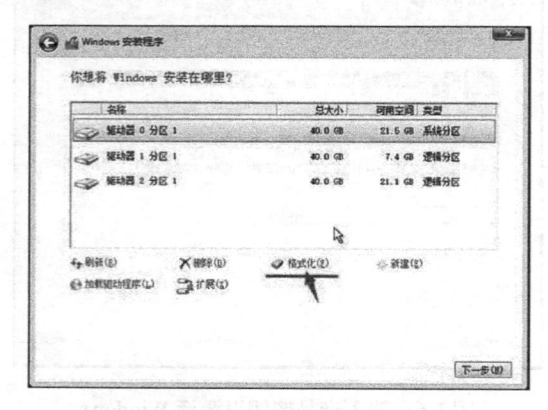

图1-9　选择驱动器

9．自动跳转至如图1-10所示的界面，开始安装Windows 10。

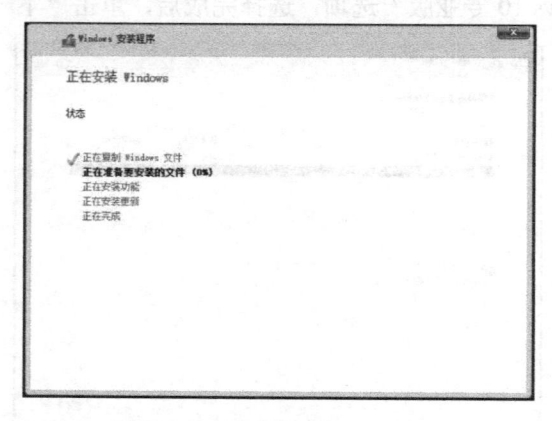

图1-10　开始安装Windows 10

10．在安装过程中，系统会频繁重启计算机，Windows 10 安装完成后，需要进行系统配置，完成上述操作，打开 Windows 10 桌面，如图 1-11 所示。

图 1-11　Windows 10 桌面

11．安装驱动程序的方法与安装应用软件的方法类似。安装完驱动程序后重启计算机，在"开始"菜单中，输入"设备管理器"并按 Enter 键，打开如图 1-12 所示的"设备管理器"窗口，检查驱动程序是否安装成功。如果在设备列表中未出现带有黄色问号的图标，则说明驱动程序已安装成功。

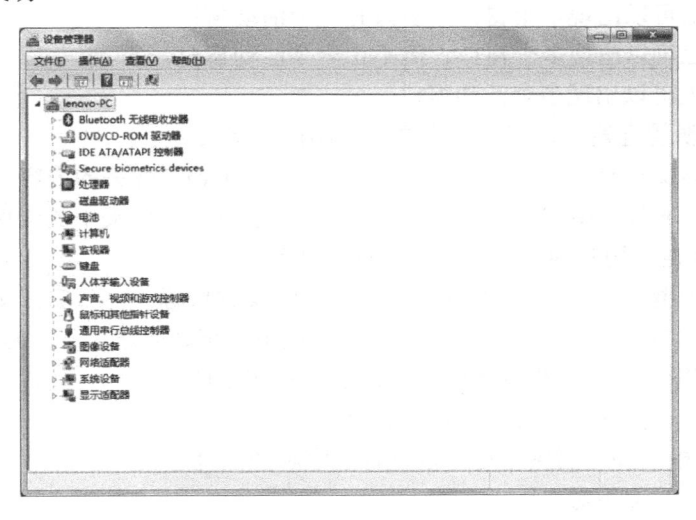

图 1-12　"设备管理器"窗口

项目 2

Windows 操作系统的应用

知识练习

一、单项选择题

1. 下列关于 Windows 10 的窗口的说法中,正确的是（　　）。
   A. 屏幕上只能出现一个窗口,即活动窗口
   B. 屏幕上可以出现多个窗口,但只有一个活动窗口
   C. 屏幕上可以出现多个窗口,但不止一个活动窗口
   D. 屏幕上可以出现多个活动窗口
2. 在文件资源管理器中,双击某个文件夹图标,将（　　）。
   A. 删除该文件夹   B. 显示该文件夹的内容
   C. 删除该文件夹中的文件   D. 复制该文件夹中的文件
3. （　　）决定了用户能够对该文件进行何种动作。
   A. 文件类型   B. 文件大小   C. 文件图标   D. 文件位置
4. 下列关于"写字板"与"画图"工具的说法中,正确的是（　　）。
   A. "写字板"是文字处理软件,不能进行图文处理
   B. "画图"是绘图工具,不能输入文字
   C. "写字板"和"画图"均可以进行文字和图形处理
   D. 以上说法都不对
5. 在 Windows 10 中,（　　）不属于桌面上常见的图标。
   A. 此电脑   B. 回收站   C. 网络   D. 文件资源管理器
6. 安装 Windows 10 时,如果硬盘容量未超过 2TB,系统磁盘分区最好为（　　）格式。
   A. EXT2   B. FAT32   C. NTFS   D. FAT
7. 操作系统提供给程序员的接口是（　　）。
   A. 系统调用   B. 进程
   C. 系统库   D. 系统调用和系统库
8. 为了更好地确定磁盘是否需要立即进行碎片整理,应当先（　　）。

A．备份磁盘　　　　B．分析磁盘　　　　C．清理磁盘　　　　D．格式化磁盘

9．为了表示某个文件的存放位置，经常将盘符、各级文件夹名称和文件名之间用（　　）隔开。

A．"、"　　　　　B．"/"　　　　　　C．"\"　　　　　　D．":"

10．添加新字体的路径是（　　）。

A．C:\Windows\system32　　　　　　B．C:\Program Files\fonts
C．C:\Windows\fonts　　　　　　　　D．C:\Program Files\system32

11．在设置鼠标属性时，按（　　）可以显示鼠标指针的位置。

A．Enter 键　　　B．Ctrl 键　　　　C．Alt 键　　　　　D．Shift 键

12．在 Windows 10 中，将打开的窗口拖至屏幕顶端，窗口会（　　）。

A．关闭　　　　　B．最大化　　　　C．消失　　　　　　D．最小化

13．在 Windows 10 中，显示桌面的组合键是（　　）。

A．Win+P　　　　B．Win+Tab　　　C．Alt+Tab　　　　D．Win+D

14．正确设置输入法热键的顺序是（　　）。

① 右击桌面上的"此电脑"图标，然后依次选择"属性"→"控制面板主页"→"时钟和区域"→"区域"选项。

② 单击"区域"对话框中的"语言首选项"超链接，在打开的"设置"对话框中选择左边的"语言"选项，在右边单击"拼写、输入和键盘设置"超链接。

③ 在打开的"更改按键顺序"对话框中，选中"启用按键顺序"复选框后，选择热键，单击"确定"按钮。

④ 在"更多键盘设置"对话框中单击"高级键盘设置"超链接。

⑤ 在"高级键盘设置"对话框中单击"语言栏选项"超链接，在打开的"文本服务和输入语言"对话框中，切换至"高级键设置"选项卡，在"输入语言的热键"区域中选择需要设置热键的输入法，单击"更改按键顺序"按钮。

A．①②④⑤③　　B．①④②③⑤　　C．①②④③⑤　　D．①③②④⑤

15．在 Windows 10 中，改变窗口大小时，可将鼠标放在（　　），然后拖动鼠标。

A．窗口内的任意位置　　　　　　　B．窗口的滚动条上
C．窗口的四角或四边　　　　　　　D．窗口的标题栏上

16．在 Windows 10 的文件资源管理器中选定文件或文件夹后，若要将它们复制到同一驱动器的文件夹中，则可以（　　）。

A．按住 Alt 键不松手拖动鼠标　　　B．按住 Shift 键不松手拖动鼠标
C．直接拖动鼠标　　　　　　　　　D．按住 Ctrl 键不松手拖动鼠标

17．在"更改账户"窗口中不可进行的操作是（　　）。

A．创建新用户　　B．创建密码　　　C．更改账户头像　　D．更改账户名称

18．通配符指键盘上的（　　）。

A．句号和感叹号　B．冒号和双引号　C．星号和问号　　　D．逗号和顿号

19．ABC.*表示（　　）。

A．文件名为 ABC，具有两个字符扩展名的文件
B．文件名为 ABC，具有任意扩展名的文件
C．文件名为 ABC，具有一个字符扩展名的文件

D．文件名以 ABC 开头，具有任意扩展名的文件
20．下列选项中，可以被直接共享的是（　　）。
A．文件夹　　　　B．Word 文档　　　C．文本文档　　　D．MP3 文件
21．下列选项中，（　　）不在 WinRAR 软件的工作界面中。
A．内容窗口、状态栏　　　　　　　　B．任务栏
C．菜单栏、工具栏　　　　　　　　　D．地址栏
22．下列关于打开文件夹的方法中，错误的是（　　）。
A．单击要打开的文件夹，选择"文件"菜单中的"打开"选项
B．在要打开的文件夹上双击
C．在要打开的文件夹上连续两次右击
D．右击要打开的文件夹，在出现的快捷菜单中选择"打开"选项
23．Windows 10 提供了一个恢复被删除文件或文件夹的工具，该工具是（　　）。
A．计算机　　　　B．网上邻居　　　C．我的文档　　　D．回收站
24．磁盘中的文件夹及子文件夹按（　　）组织，一个文件夹可以包括另一个文件夹，前者被称为父文件夹，后者被称为子文件夹。
A．倒树形结构　　B．金字塔结构　　C．树形结构　　　D．倒金字塔结构
25．若要选择一组连续的文件（文件夹），则下列方法中正确的是（　　）。
A．按 Shift+F8 组合键
B．按 Ctrl+A 组合键
C．按住 Ctrl 键不松手，单击各文件或文件夹
D．单击要选择的一组文件夹中的第一个文件或文件夹，再按住 Shift 键不松手，单击该组中的最后一个文件或文件夹
26．更改屏幕上的文本大小，文本大小的选项不包括（　　）。
A．较小　　　　　B．正常　　　　　C．中等　　　　　D．较大
27．选择某磁盘驱动器中的全部文件和文件夹时可以按（　　）。
A．Shift+F8 组合键　　　　　　　　 B．Shift+Ctrl 组合键
C．Ctrl+A 组合键　　　　　　　　　 D．Shift+Alt 组合键
28．"录音机"工具可以用于播放、录制和编辑（　　）。
A．Flash 文件　　B．声音文件　　　C．Word 文件　　　D．PPT 文件
29．（　　）的扩展名为.RA。
A．Real Audio　　B．MPEG-3　　　C．CD Audio　　　D．MIDI
30．Windows 10 的"开始"菜单包括了操作系统提供的（　　）。
A．部分功能　　　B．初始功能　　　C．主要功能　　　D．全部功能
31．在 Windows 10 中，如果窗口表示一个应用程序，则打开该窗口的含义是（　　）。
A．显示该应用程序的内容　　　　　　B．运行该应用程序
C．结束该应用程序　　　　　　　　　D．显示并运行该应用程序
32．Windows 10 中的"磁盘碎片整理程序"的主要作用是（　　）。
A．修复损坏的磁盘　　　　　　　　　B．缩小磁盘空间
C．提高文件访问速度　　　　　　　　D．扩大磁盘空间
33．在 Windows 10 中，"回收站"的作用是（　　）。

A．回收并删除应用程序　　　　　　B．回收编制好的应用程序
C．回收将要删除的用户程序　　　　D．回收用户删除的文件或文件夹

34．在 Windows 10 中，当启动（运行）程序时，程序以窗口的方式显示，把运行程序的窗口最小化，表示（　　）。

A．结束该程序
B．暂时中断该程序，但随时可以由用户加以恢复
C．该程序转入后台继续工作
D．中断该程序，而且用户不能加以恢复

35．在 Windows 10 的文件资源管理器中，查找文件的操作是通过（　　）实现的。
A．"搜索"框　　B．"搜索"菜单　　C．"搜索"命令　　D．"搜索"按钮

36．下列关于启动应用程序的方法中，不正确的是（　　）。
A．在"开始"菜单中选择相应的应用程序
B．使用"开始"菜单中的"运行"命令
C．在文件夹窗口中双击相应的应用程序图标
D．右击相应的图标

37．控制面板的作用是（　　）。
A．控制所有程序的执行　　　　　　B．对系统进行有关的设置
C．设置"开始"菜单　　　　　　　　D．设置硬件接口

38．剪贴板的作用是（　　）。
A．临时存放应用程序剪切或复制的信息
B．作为资源管理器管理的工作区
C．作为开发程序的信息标志
D．在使用 DOS 时，作为系统划分的临时区域

39．一个文件的扩展名通常表示（　　）。
A．文件的大小　　B．文件的版本　　C．文件的类型　　D．文件的属性

40．Windows 10 中的文件名最长可达（　　）个字符。
A．255　　　　　B．254　　　　　C．256　　　　　D．8

41．在 Windows 10 中，允许用户在计算机系统中配置的打印机（　　）。
A．只能是一台任意型号的打印机
B．可以是多台打印机
C．只能是一台激光打印机或一台喷墨打印机
D．是一台针式打印机

42．在 Windows 10 中，要将当前的活动窗口复制到剪贴板中应该按（　　）。
A．Ctrl+C 组合键　　　　　　　　B．Alt+PrintScreen 组合键
C．PrintScreen 键　　　　　　　　D．Ctrl+PrintScreen 组合键

43．在 Windows 10 中，要将屏幕所显示的整个画面复制到剪贴板中应该按（　　）。
A．PrintScreen 键　　　　　　　　B．Ctrl+C 组合键
C．Alt+F4 组合键　　　　　　　　D．Alt+PrintScreen 组合键

44．下列关于快捷方式的说法中，错误的是（　　）。
A．快捷方式改变了程序或文档在磁盘上的存放位置

B．快捷方式提供了对常用程序或文档的访问捷径
C．快捷方式图标的左下角有一个小箭头
D．删除快捷方式不会对程序或文档产生影响

45．在 Windows 10 的文件资源管理器中选定文件或文件夹后，如果想把它们移动到不同驱动器的文件夹中，则操作为（　　）。
　　A．按住 Ctrl 键不松手并拖动鼠标　　B．按住 Shift 键不松手并拖动鼠标
　　C．直接拖动鼠标　　D．按住 Alt 键不松手并拖动鼠标

46．在 Windows 10 中，当对文件或文件夹进行了误操作后，可以利用快捷方式（　　）组合键，取消原来的操作。
　　A．Ctrl+C　　B．Ctrl+V　　C．Ctrl+A　　D．Ctrl+Z

47．操作系统是（　　）。
　　A．用户与系统软件的接口　　B．用户与计算机的接口
　　C．用户与应用软件的接口　　D．主机与外设的接口

48．在 Windows 10 中，可以查看系统性能状态和硬件设置的方法是（　　）。
　　A．打开"文件资源管理器"
　　B．在桌面上双击"此电脑"图标
　　C．在"控制面板"中选择"系统和安全"→"系统"选项
　　D．在"控制面板"中选择"硬件和声音"→"显示"选项

49．在 Windows 10 中，通过"写字板"程序生成的文件，其默认的扩展名是（　　）。
　　A．.txt　　B．.rtf　　C．.wri　　D．.bmp

50．下列文件中，（　　）是可执行文件。
　　A．student.pdf　　B．name.txt　　C．run.dat　　D．files9.exe

51．在 Windows 10 中，修改文档后，既要保存修改后的内容，又不能改变原文档的内容，此时可以使用"文件"菜单中的"（　　）"选项。
　　A．新建　　B．保存　　C．另存为　　D．打开

52．在"文件资源管理器"窗口中对文件、文件夹进行移动操作，当选择了操作对象后，应先在工具栏中单击"（　　）"按钮，然后选择目标文件夹，最后单击工具栏中的"粘贴"按钮。
　　A．剪切　　B．复制　　C．粘贴　　D．打开

53．在 Windows 10 中，通常情况下，单击对话框中的"确定"按钮与按（　　）键的作用是一样的。
　　A．Esc　　B．Enter　　C．F1　　D．F2

54．为了获取 Windows 10 的帮助信息，可以在需要帮助的时候按（　　）键。
　　A．F1　　B．F2　　C．F3　　D．F4

55．在 Windows 10 中，鼠标左键和右键的功能（　　）。
　　A．固定不变
　　B．通过对"控制面板"的操作来改变
　　C．通过对"文件资源管理器"的操作来改变
　　D．通过对"附件"的操作来改变

56．在 Windows 10 中，下列关于改变"日期和时间"的说法中，正确的是（　　）。

A．可以在"控制面板"的"系统"选项中进行设置

B．只能在"控制面板"的"日期和时间"选项中进行设置

C．只能双击"任务栏"右侧的数字时钟进行设置

D．不止一种修改方法

57．Windows 10 "系统工具"中的"磁盘清理"应用程序，主要具有（　　）功能。

　　A．增加硬盘的存储空间　　　　　　B．备份文件

　　C．修复已损坏的存储区域　　　　　D．加快程序的运行速度

58．为了正常退出 Windows 10，用户的正确操作是（　　）。

　　A．关闭计算机的电源

　　B．执行"开始"→"关机"菜单命令

　　C．在没有任何程序执行的情况下关闭计算机的电源

　　D．按 Alt+Ctrl+Delete 组合键

59．启动 Windows 10，屏幕所显示的整个区域被称为（　　）。

　　A．窗口　　　　B．图标　　　　C．桌面　　　　D．资源管理器

60．鼠标是计算机的一种重要的（　　）工具。

　　A．画图　　　　B．指示　　　　C．输入　　　　D．输出

61．对文件的确切定义是（　　）。

　　A．记录在磁盘上的一组相关命令的集合

　　B．记录在磁盘上的一组相关程序的集合

　　C．记录在磁盘上的一组相关数据的集合

　　D．记录在磁盘上的一组相关信息的集合

62．在 Windows 中，用"记事本"应用程序保存的文件，其默认的文件扩展名是（　　）。

　　A．docx　　　　B．txt　　　　C．bmp　　　　D．rtf

63．在 Windows 10 中，鼠标是重要的输入工具，而键盘（　　）。

　　A．配合鼠标起辅助作用（如输入字符）

　　B．无法起作用

　　C．仅能用于菜单操作，不能用于窗口操作

　　D．也能完成几乎所有的操作

64．在 Windows 10 中，按（　　）组合键可以打开窗口的控制菜单。

　　A．Alt+Space　　B．Ctrl+Space　　C．Shift+Space　　D．Ctrl+V

65．登录 Windows 10 后，首先看到的屏幕内容为（　　）。

　　A．窗口　　　　B．桌面　　　　C．图标　　　　D．菜单

66．单击"桌面"左下角的"开始"按钮，将（　　）。

　　A．打开文件资源管理器

　　B．执行一个程序，程序名称在弹出的对话框中指定

　　C．弹出"开始"菜单

　　D．打开一个窗口

67．在 Windows 10 中，用键盘打开"开始"菜单，需要（　　）。

　　A．同时按 Ctrl 键和 Esc 键　　　　B．同时按 Ctrl 键和 Z 键

　　C．同时按 Ctrl 键和空格键　　　　D．同时按 Ctrl 键和 Shift 键

68. 在 Windows 10 中，不能执行一个应用程序的操作是（　　）。
   A．单击"任务栏"中的图标按钮
   B．选择"开始"菜单中的"程序"选项，然后在其子菜单中单击指定的应用程序
   C．选择"开始"菜单中的"运行"选项，在弹出的对话框中选择相应的可执行程序文件（包括路径），然后单击"确定"按钮
   D．打开"文件资源管理器"窗口，在其中找到相应的可执行程序文件，双击文件名左边的小图标

69. 在选定文件或文件夹后，下列操作中，（　　）不能修改文件或文件夹的名称。
   A．单击工具栏中"重命名"按钮
   B．按 F2 键，输入新文件名，再按 Enter 键
   C．右击所选的文件或文件夹，在弹出的快捷菜单中选择"重命名"选项，输入新文件名再按 Enter 键
   D．单击文件或文件夹的图标，输入新文件名再按 Enter 键

70. 在 Windows 10 中，剪贴板是（　　）。
   A．硬盘上的一块区域　　　　　　B．软盘上的一块区域
   C．内存中的一块区域　　　　　　D．高速缓存中的一块区域

71. 下列关于"回收站"的说法中，不正确的是（　　）。
   A．"回收站"实际上是用来存放被用户删除的文件的位置，这些文件在需要的时候还可以恢复
   B．在删除文件的同时按住 Shift 键不松手，则被删除的文件不会被保存在"回收站"里，但是这些文件是可以恢复的
   C．"回收站"的图标根据"回收站"里是否有被删除文件而有所不同
   D．"回收站"的容量最大值是可以由用户自己指定的

72. 在某个文档窗口中已进行了多次剪切操作，关闭该文档窗口后，剪贴板中的内容为（　　）。
   A．第一次剪切的内容　　　　　　B．最后一次剪切的内容
   C．所有剪切的内容　　　　　　　D．空白

73. 在 Windows 10 中，下列关于"库"的说法中，正确的是（　　）。
   A．库的功能是存放一些图片、文档、音乐、视频文件
   B．库像一个容器，只是为了存放各种类型文件
   C．库像图书馆的索引，将文档的位置、元数据等信息汇集到库中，让用户轻松实现资料的管理
   D．库是一个数据文件，方便用户打开并查看

74. 下列文件格式中，用于表示图像文件的是（　　）。
   A．*.docx　　　B．*.xlsx　　　C．*.bmp　　　D．*.txt

75. 使用 Windows 10 的"录音机"应用程序录制的声音文件的扩展名是（　　）。
   A．xls　　　　B．wav　　　　C．bmp　　　　D．docx

76. Windows 10 所包含的汉字库文件是用来解决（　　）问题的。
   A．使用者输入的汉字在计算机内的储存
   B．输入时的键盘编码

C. 汉字识别

D. 输入时转换为显示或打印字模

77. 下面关于 Windows 10 的文件名的说法中，错误的是（   ）。

   A. 文件名中允许有汉字

   B. 文件名中允许使用空格

   C. 文件名中允许使用多个圆点分隔符

   D. 文件名中允许使用竖线（"｜"）

78. 下列关于 Windows 10 的文件或文件夹的属性的说法中，不正确的是（   ）。

   A. 所有文件或文件夹都有自己的属性

   B. 文件存入磁盘后，属性不可以再改变

   C. 用户可以重新设置文件或文件夹的属性

   D. 对文件而言，除属性外，还允许索引此文件的内容

79. 我国的《计算机软件保护条例》规定，软件著作权自（   ）之日起，保护期为 50 年。

   A. 开发完成   B. 注册登记   C. 公开发表   D. 评审通过

80. Windows 10 是一个（   ）。

   A. 单用户多任务操作系统   B. 单用户单任务操作系统

   C. 多用户多任务操作系统   D. 多用户单任务操作系统

81. 在 Windows 10 中，一个文件夹可能包含（   ）。

   A. 文件   B. 文件夹   C. 快捷方式   D. 以上三种都可以

82. 在 Windows 10 中，即插即用指（   ）。

   A. 在设备测试过程中帮助安装和配置设备

   B. 使操作系统更容易使用、配置和管理

   C. 系统状态动态改变后以事件的方式通知其他系统组件和应用程序

   D. 以上都对

83. 退出 Windows 10 时，直接关闭计算机电源可能产生的后果是（   ）。

   A. 可能破坏尚未存盘的文件   B. 可能破坏临时设置

   C. 可能破坏某些程序的数据   D. 以上都对

84. 在 Windows 10 中，任务栏的作用是（   ）。

   A. 显示系统的所有功能   B. 只显示当前活动窗口

   C. 只显示正在后台工作的窗口名   D. 实现窗口之间的切换

85. 下列说法中，正确的是（   ）。

   A. Windows 10 已经内置了五笔字型输入法

   B. 在 Windows 10 中，不能使用五笔字型输入法

   C. Windows 10 提供了汉字输入法接口，可以添加五笔字型输入法

   D. Windows 10 没有提供汉字输入法接口

86. 在 Windows 10 中，欲打开其他计算机共享的文档时，在地址栏中输入地址的完整格式是（   ）。

   A. /计算机名/路径名/文档名   B. 文档名/路径名/计算机名

   C. /计算机名/路径名 文档名   D. /计算机名 路径名 文档名

87．在 Windows 10 中，桌面指（　　）。
    A．计算机台   B．活动窗口
    C．"文件资源管理器"窗口 D．窗口、图标、对话框所在的界面
88．在 Windows 10 中，有些文件的内容比较多，即使窗口最大化也无法在屏幕上完全显示，此时可利用窗口的（　　）阅读文件内容。
    A．窗口边框   B．控制菜单   C．滚动条   D．"最大化"按钮
89．Windows 10 自带的网页浏览器是（　　）。
    A．IE   B．Chrome   C．Edge   D．Safari
90．下列关于 Windows 10 的说法中，正确的是（　　）。
    A．回收站与剪贴板一样，是内存中的一块区域
    B．只能对当前活动窗口进行移动、修改大小等操作
    C．一旦屏幕保护开始，则原来屏幕上的活动窗口就被关闭了
    D．桌面上的图标不能按用户的意愿重新排列
91．下列关于 Windows 10 的说法中，正确的是（　　）。
    A．用户为应用程序创建了快捷方式时，就是为应用程序增加一个备份
    B．关闭一个窗口就是将该窗口正在运行的程序转入后台运行
    C．桌面上的图标完全可以按用户的意愿重新排列
    D．一个应用程序窗口只能显示一个文档窗口
92．根据文件命名规则，下列字符串中，属于合法文件名的是（　　）。
    A．ADC*.fnt   B．#ASK%.sbc   C．CON.bat   D．SAQ/.txt
93．下列操作中，不属于鼠标操作方式的是（　　）。
    A．单击   B．右击   C．双击   D．按住 Alt 键拖放
94．如果一个文件的名字是"aa.bmp"，则该文件是（　　）。
    A．位图文件   B．可执行文件 C．文本文件 D．网页文件
95．下列图标中，代表网页文件的是（　　）。
    A．　 B．　 C．　 D．
96．下列输入法中，属于 Windows 10 自带的输入法的是（　　）。
    A．搜狗拼音输入法   B．微软拼音输入法
    C．QQ 拼音输入法   D．陈桥五笔输入法
97．各种中文输入法切换的键盘命令是（　　）。
    A．Ctrl+Shift B．Ctrl+Space C．Shift+Space D．Shift+Alt
98．半/全角字符切换的键盘命令是（　　）。
    A．Ctrl+Shift B．Ctrl+Space C．Shift+Space D．Shift+Alt
99．中/英文输入状态切换的键盘命令是（　　）。
    A．Ctrl+Shift B．Ctrl+Space C．Shift+Space D．Shift+Alt
100．在 Windows 10 中，使用"画图"应用程序保存文件时，该文件默认的扩展名为（　　）。
    A．png   B．bmp   C．gif   D．jpeg

二、判断题

1. 磁盘碎片整理过程不会占用大量的资源，可以经常进行磁盘碎片整理。（　）
2. 用户不可以对 FAT32 文件系统进行驱动器压缩。（　）
3. Windows 10 "附件"中的系统工具提供了专用字符编辑程序。（　）
4. 在"磁盘属性"对话框的"常规"选项卡中能找到"磁盘清理"选项。（　）
5. 按 Ctrl+W 组合键可以关闭当前窗口。（　）
6. 操作系统是一种对所有硬件进行控制和管理的系统软件。（　）
7. 当设置鼠标属性时，在"方案"下拉列表中可以选择需要的方案，从而设置操作过程中鼠标指针的形状。（　）
8. 当设置鼠标属性时，按 Shift 键可以显示鼠标指针的位置。（　）
9. 选定一个文件夹，单击即可打开。（　）
10. FAT 是文件分配表（File Allocation Table）的英文缩写。（　）
11. 文件的路径表示某个文件存放的位置。（　）
12. 星号（*）只能代替文件名中的一个字符。（　）
13. 按 Delete 键删除的文件会被放进"回收站"里，而"回收站"里的文件是不能被还原的。（　）
14. 要还原一个文件，用户可以直接将其从"回收站"里拖出。（　）
15. 要在新磁盘上安装操作系统，必须先对磁盘进行分区。（　）
16. 粘贴已剪切/复制的文件（夹）的组合键是 Ctrl+V。（　）
17. 要更改一个文件夹的图标，可执行以下操作：右击选定的文件夹，在弹出的快捷菜单中选择"属性"→"自定义"→"更改图标"选项。（　）
18. 按住 Ctrl 键不松手，同时单击要取消的文件，可以取消选定的文件。（　）
19. ???.com 表示文件名为三个字符，扩展名为 com 的文件。（　）
20. 在计算机中，可执行文件的扩展名主要有.exe 和.dll。（　）

实训操作

任务 1　附件的使用

操作要求：

1. 在 D 盘中新建一个文件夹，并命名为"练习"。
2. 为"附件"的"画图"应用程序创建快捷方式，并命名为"绘图"，将其放在桌面上；为"文件资源管理器"创建快捷方式，并将其放在桌面上；将更改后的桌面以图片的形式保存到 D 盘的"练习"文件夹中，并将图片文件命名为"B1"。
3. 用"碎片整理和优化驱动器"应用程序对 C 盘进行整理，在进行磁盘整理前，先对盘进行分析，查看分析报告并将"优化驱动器"对话框以图片的形式保存到 D 盘的"练习"文件夹中，并将图片文件命名为"B2"。

4．打开"画图"应用程序，随意画一幅图，并将此图片作为桌面背景，将更改后的桌面以图片的形式保存到 D 盘的"练习"文件夹中，并将图片文件命名为"B3"。

5．用"记事本"应用程序新建一个名为"TEST"的文件，并在其中输入学生本人的专业名称、学号和姓名，将字体格式设置为"宋体""10 磅"，保存"TEST"文件后，将该文件保存到 D 盘的"练习"文件夹中。

6．将 D 盘的"练习"文件夹压缩成名为"lianxi"的压缩文件，并将密码设置为"lianxi888"。

任务 2　控制面板的使用

操作要求：

1．在 D 盘中新建一个文件夹，并命名为"考试"。

2．设置以"3D 文字"为图案的屏幕保护程序，并且设置等待时间为 5min。将设置后的对话框以图片的形式保存到"考试"文件夹中，并将图片文件命名为"C1"。

3．查看系统中是否有"华文仿宋 常规"字体，如果没有，则请添加该字体，并将该字体文件复制到 D 盘的"考试"文件夹中。

4．隐藏 Windows 的任务栏，并关闭任务栏上显示的时钟，将更改后的桌面以图片的形式保存到 D 盘的"考试"文件夹中，并将图片文件命名为"C2"。

5．查看监视器的屏幕刷新频率，并将此对话框以图片的形式保存到 D 盘的"考试"文件夹中，并将图片文件命名为"C3"。

6．创建一个名为"student"的新账户，账户类型为"标准用户"，账户密码设置为"stud321"。

任务 3　文件和文件夹的操作

操作要求：

1．在 D 盘根目录下创建"计算机基础测试"文件夹，在此文件夹下创建"WORD 文档""图片""多媒体"3 个子文件夹。在 D 盘中查找 bmp 格式的图片文件，选择查找到的任意一个图片文件，把它复制到"图片"文件夹中，并且将此文件设置为只读文件。

2．在计算机中查找 docx 格式的文件，选择其中的 6 个文件，并将其复制到"WORD 文档"文件夹中，再按修改时间递增方式排列文件。

3．利用搜索功能在 D 盘中找到一个小于 60KB 的位图文件（bmp 格式的图片文件），并且在桌面创建该文件的快捷方式，将该位图文件设置为屏幕背景，并将屏幕保护程序设置为"三维文字"。

4．在 E 盘的根目录下，创建一个名为"TEXT"的文件夹。在"写字板"文字编辑窗口中输入一段 30 字以内的自我介绍，将字体格式设置为"宋体""10 磅"。保存该文件，并且将该文件保存在"TEXT"文件夹中，文件名设置为"自我介绍"。

5．在 D 盘的根目录下创建一个名为"测试"的文件夹，用"记事本"创建一个名为"TEST.txt"的文件，文件内容为本人的专业名称、学号和姓名，将该文件保存在"测试"文件夹中，并且将该文件设置为隐藏文件。

6．在文件夹中进行设置，将所有的隐藏文件都显示出来，并且将 D 盘的"测试"文件夹中的"TEST.txt"重命名为"学生信息.txt"。

7．利用 Windows 的帮助系统查找关于"复制和移动文件和文件夹"的帮助信息，将查找到的内容复制到"help.txt"文件中，并将该文件保存在 D 盘的"测试"文件夹中。

8．请将本机的 IP 地址写入"my_ip.txt"文件中（若本机没有设置 IP 地址，则在该文件中输入"无"），将该文件保存在 D 盘的"测试"文件夹中。

9．在 D 盘的根目录中创建一个"学生"文件夹，在其中创建 4 个子文件夹："成绩""英语""数学""语文"，将"英语""数学""语文"文件夹设置为只读，并且把这 3 个文件夹移到"成绩"文件夹中。

10．利用 WinRAR 软件将 E 盘的"TEXT"文件夹压缩成"数据.rar"文件，直接删除该文件夹，不放入"回收站"。

11．利用 WinRAR 软件将 D 盘的"测试"文件夹压缩成"测试.rar"文件，删除"测试.rar"文件并将其放入"回收站"，再在"回收站"中将此文件还原，并且设置 D 盘的"回收站"空间的最大值为 3000MB。

12．在 E 盘中创建一个如图 2-1 所示的目录结构，将计算机中所有以 T 开头的 Word 文件复制到"销售"文件夹中。在桌面建立"销售"文件夹的快捷图标。

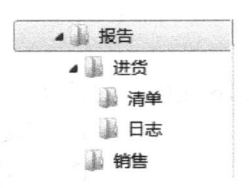

图 2-1　目录结构

13．参照第 12 题的目录结构，将"销售"文件夹复制到"日志"文件夹中，将"清单"文件夹删除，设置"日志"文件夹为只读。

项目 3

Word 文档的制作及应用

知识练习

一、单项选择题

1. 下列文件中，属于"Word 2016 文档"的是（　　）。
   A．习题集.docx　　　　　　　　B．习题集.doc
   C．习题集.bmp　　　　　　　　D．习题集.exe

2. 在 Word 2016 的编辑状态下，可以利用"布局"选项卡的"（　　）"组设置每页的行数和每行的字符数。
   A．页面设置　　B．段落　　　C．页面背景　　D．排列

3. "全选"选项在"开始"选项卡的"（　　）"组中。
   A．字体　　　　B．编辑　　　C．剪贴板　　　D．段落

4. 在 Word 2016 的"开始"选项卡中，单击"字体"组中的"U"按钮可以给选定的对象添加（　　）效果。
   A．斜体　　　　B．粗体　　　C．下画线单线　D．下画波浪线

5. 在 Word 2016 中，可以选择图片格式中的（　　）版式使图片作为文字的背景。
   A．四周环绕　　　　　　　　　B．紧密型
   C．衬于文字下方　　　　　　　D．浮于文字上方

6. 在 Word 2016 中，向左拖动水平标尺左侧上面的倒三角按钮可以设定（　　）。
   A．首行缩进　　　　　　　　　B．左边缩进
   C．右缩进　　　　　　　　　　D．首行及左边缩进

7. 在 Word 2016 中，单击垂直滚动条的▲按钮，可以使屏幕（　　）。
   A．上滚一行　　B．下滚一行　C．上滚一屏　　D．下滚一屏

8. 在 Word 2016 中，"插入脚注"功能在"（　　）"选项卡中。
   A．文件　　　　B．插入　　　C．开始　　　　D．引用

9. 在 Word 2016 的编辑状态下，若想插入页眉/页脚，相应的命令在"（　　）"选项卡中。
   A．文件　　　　B．插入　　　C．视图　　　　D．引用

10．编辑 Word 2016 文档时，使用鼠标完成文字或图形的复制操作，应按住（　　）键不松手。

　　A．Ctrl　　　　　B．Alt　　　　　C．Shift　　　　　D．F1

11．Word 2016 的"文件"选项卡包含"保存"和"另存为"选项，对于已保存过的文件，下列说法中正确的是（　　）。

　　A．"保存"选项只能用原文件名存盘，"另存为"选项不能用原文件名存盘

　　B．"保存"选项不能用原文件名存盘，"另存为"选项只能用原文件名存盘

　　C．"保存"选项只能用原文件名存盘，"另存为"选项也能用原文件名存盘

　　D．"保存"选项和"另存为"选项都能用任意文件名存盘

12．在 Word 2016 中，选择"（　　）"选项卡中的"书签"选项可以在文档中建立书签。

　　A．开始　　　　　B．插入　　　　　C．页面设置　　　　　D．引用

13．在 Word 2016 中修改文档时，要在输入新文字的同时替换部分原有文字，最简便的操作是（　　）。

　　A．选定需要替换的文字，再输入新文字

　　B．直接输入新文字

　　C．先按 Delete 键删除需要替换的文字，再输入新文字

　　D．建立一个新文档

14．在 Word 2016 中插入特殊符号，可以单击"（　　）"选项卡的"符号"按钮。

　　A．开始　　　　　B．插入　　　　　C．引用　　　　　D．审阅

15．在 Word 2016 中，执行一次"拆分表格"命令的作用是将一个表格拆分成（　　）。

　　A．上、下两个单独的表格　　　　　B．左、右两个单独的表格

　　C．多个表格　　　　　　　　　　　D．多个单元格

16．在 Word 2016 的编辑状态下，依次打开 D1.docx、D2.docx、D3.docx、D4.docx 四个文档，则当前的活动窗口是（　　）。

　　A．D1.docx 的窗口　　　　　　　　B．D2.docx 的窗口

　　C．D3.docx 的窗口　　　　　　　　D．D4.docx 的窗口

17．在 Word 2016 的编辑状态下，选定文本后，单击"开始"选项卡的"剪贴板"组中的"复制"按钮，则（　　）。

　　A．被选定的文本被复制到光标所在的位置

　　B．被选择的文本被复制到剪贴板中

　　C．光标所在的段落被复制到光标所在的位置

　　D．光标所在的段落被复制到剪贴板中

18．在 Word 2016 中，若只给所选段落的左边添加边框，则单击"开始"选项卡的"段落"组中的"下框线"按钮右侧的倒三角按钮，在展开的下拉列表中选择"（　　）"选项。

　　A．上框线　　　　B．左框线　　　　C．内部框线　　　　D．外部框线

19．在 Word 2016 文档中，每个段落都有自己的段落标记，段落标记的位置在（　　）。

　　A．段落的首部　　　　　　　　　　B．段落的结尾部

　　C．段落的中间位置　　　　　　　　D．段落中，但用户找不到位置

20．在 Word 2016 文档的每个页面中都要出现的内容应当放在（　　）内。

　　A．页眉与页脚　　B．文本框　　　　C．正文　　　　　D．脚注

21. 编辑 Word 2016 文档时，若想把文档中的"计算机"一词都删除，最简单的方法是单击"开始"选项卡的"编辑"组中的"（　　）"按钮。
　　A．清除　　　　　　B．撤销　　　　　　C．剪切　　　　　　D．替换

22. 在 Word 2016 的编辑状态下设置了标尺，可以同时显示水平标尺和垂直标尺的视图是（　　）。
　　A．页面视图　　　　　　　　　　B．阅读版式视图
　　C．大纲视图　　　　　　　　　　D．Web 版式视图

23. 在 Word 2016 的编辑状态下，若将光标直接定位到当前行的末尾，则应按（　　）。
　　A．Home 键　　　　　　　　　　B．Shift+Ctrl 组合键
　　C．End 键　　　　　　　　　　　D．Ctrl+End 组合键

24. 选取图片是通过（　　）进行的。
　　A．双击　　　　　　　　　　　　B．单击
　　C．右击　　　　　　　　　　　　D．按 Ctrl+S 组合键

25. 在 Word 2016 的编辑状态下，进行字体设置后，按新的字体格式显示的文字是（　　）。
　　A．光标所在段落的文字　　　　　B．文档中被选定的文字
　　C．光标所在行的文字　　　　　　D．文档的全部文字

26. 下列关于 Word 2016 分栏功能的说法中，正确的是（　　）。
　　A．最多可分三栏　　　　　　　　B．各栏的宽度必须相同
　　C．各栏的宽度可以不相同　　　　D．各栏之间的间距是固定的

27. 在 Word 2016 中，可以通过（　　）提高经常使用的几个组合命令或操作组合的使用效率。
　　A．组合键　　　　　　　　　　　B．快捷菜单
　　C．宏　　　　　　　　　　　　　D．功能组中的按钮

28. 第一次保存 Word 2016 文档时，系统将打开"（　　）"对话框。
　　A．保存　　　　B．另存为　　　　C．新建　　　　D．关闭

29. 在 Word 2016 中，可以执行（　　）菜单命令插入数学公式。
　　A．"开始"→"样式"　　　　　　B．"插入"→"符号"
　　C．"视图"→"显示"　　　　　　D．"加载项"→"特殊符号"

30. 在 Word 2016 中，使用"开始"选项卡的"剪贴板"组中的"格式刷"按钮复制文本或段落的格式，若要将选定的文本或段落格式重复应用多次，应（　　）。
　　A．单击"格式刷"按钮　　　　　B．双击"格式刷"按钮
　　C．右击"格式刷"按钮　　　　　D．拖动"格式刷"按钮

31. 在 Word 2016 中无法进行的操作是（　　）。
　　A．在页眉中插入分隔符　　　　　B．在页眉中插入联机图片
　　C．建立奇偶页内容不同的页眉　　D．在页眉中插入日期

32. Word 2016 是微软公司推出的 Office 系列办公软件之一，中文意思是"单词"，它是目前世界上比较流行的（　　）软件。
　　A．文字编辑　　B．数据处理　　　C．制图　　　　D．报表处理

33. 选定多个图形的正确操作是（　　）。
　　A．用鼠标依次单击多个图形

B．按住 Ctrl 键不松手，依次单击多个图形

C．按住 Shift 键不松手，依次单击多个图形

D．先单击第一个图形，再按住 Shift 键不松手，单击最后一个图形

34．下列文档格式中，不属于字符格式的是（　　）。

  A．字间距　　　　B．行间距　　　　C．字符底纹　　　　D．文本效果

35．在 Word 2016 中，按 Ctrl+V 组合键的功能是（　　）。

  A．复制　　　　B．粘贴　　　　C．剪切　　　　D．全选

36．在 Word 2016 中，要把所有段落的第一行向右移动两个字符的位置，正确的操作是（　　）。

  A．单击"开始"选项卡的"字体"组中的按钮

  B．拖动标尺上的"缩进"游标

  C．单击"开始"选项卡的"段落"组中的按钮

  D．以上都不是

37．在单元格中输入文字，当内容超过单元格的宽度时，则（　　）。

  A．超出的内容会自动隐藏起来，增加单元格的宽度时会自动显示

  B．超出的内容不能显示

  C．超出的内容会自动换行，行高会自动调整

  D．出现错误提示

38．在 Word 2016 的编辑状态下，要想为当前文档中的文字设定行间距，应当使用"开始"选项卡的"（　　）"组中的命令。

  A．字体　　　　B．段落　　　　C．编辑　　　　D．样式

39．在 Word 2016 中，查找和替换功能十分强大，不属于其功能的是（　　）。

  A．查找和替换文本的格式　　　　B．查找和替换特殊的字符

  C．查找某个指定图像　　　　D．用通配符进行复杂查找

40．一般情况下，在对话框内容选定之后都需要单击"（　　）"按钮，操作才会生效。

  A．保存　　　　B．确定　　　　C．帮助　　　　D．取消

41．若在 Word 2016 中，选定全表后按 Delete 键，则结果是（　　）。

  A．全表将被删除　　　　B．只删除表格中的内容，表格被保留

  C．出现错误提示　　　　D．只删除表格，内容被保留

42．要给 Word 2016 文档添加边框和底纹可以通过"（　　）"选项卡完成。

  A．插入　　　　B．开始　　　　C．页面布局　　　　D．视图

43．在 Word 2016 中输入文本时，为了防止因意外断电、程序崩溃等因素而导致的文本丢失现象，可以使用 Word 2016 的自动保存功能，欲使自动保存的时间间隔为 10 分钟，应（　　）。

  A．执行"文件"→"保存"菜单命令

  B．执行"文件"→"另存为"菜单命令

  C．执行"文件"→"选项"→"保存"菜单命令

  D．按 Ctrl+S 组合键并按 Enter 键

44．为了使选定的文本以标尺栏的右缩进按钮为准进行对齐，可以单击"开始"选项卡的"段落"组中的"（　　）"按钮。

A．两端对齐　　　B．居中　　　C．左对齐　　　D．右对齐

45．对于 Word 2016 中的表格，如果合并两个单元格，则原有的两个单元格的内容将（　　）。

A．不合并　　　B．完全合并　　　C．部分合并　　　D．有条件地合并

46．当把 Word 2016 文档转换成纯文本文件时，可以使用"（　　）"命令。

A．新建　　　B．保存　　　C．全部保存　　　D．另存为

47．下列说法中，不正确的是（　　）。

A．对齐文本时必须使用空格键

B．标尺是一个可选择的栏目

C．为了排版方便，一个段落结束后应按 Enter 键

D．Word 2016 属于应用软件

48．对插入 Word 2016 文档中的图片不能进行（　　）操作。

A．放大或缩小　　　　　　　B．移动

C．修改图片中的图形　　　　D．剪裁

49．在表格排序中，不存在的方式为（　　）。

A．笔画　　　B．拼音　　　C．部首　　　D．数字

50．在表格中，若"A1=2，A2=4，B1=6，B2=8"，则使用公式"=AVERAGE(A1，B2)"计算的结果是（　　）。

A．20　　　B．5　　　C．10　　　D．6

二、判断题

1．在 Word 2016 中，按 Alt+Space 组合键可以将输入法从中文输入状态切换到英文输入状态。（　　）

2．在 Word 2016 编辑状态下，闪烁的垂直条表示光标。（　　）

3．在 Word 2016 中，"加粗"按钮的图标是字母"B"。（　　）

4．段落标记是在按 Enter 键后产生的。（　　）

5．第一次保存文件时会弹出"保存"对话框。（　　）

6．Word 2016 中的段落标记在段落中无法看到。（　　）

7．在 Word 2016 中，默认的对齐方式是左对齐。（　　）

8．在 Word 2016 中，在阅读视图下能显示页眉和页脚。（　　）

9．复制选定的文本时，可以在目标位置按住 Ctrl+Shift 组合键不松手并右击。（　　）

10．删除一行文字时，可以将光标置于行首，按 Delete 键。（　　）

11．在 Word 2016 中，按 Ctrl+S 组合键可以执行保存操作。（　　）

12．Word 2016 中的"撤销"命令只能撤销最近一次进行的操作。（　　）

13．在 Word 2016 编辑区中，光标是闪烁的横线。（　　）

14．在 Word 2016 窗口中，"页码"按钮位于"插入"选项卡中。（　　）

15．在 Word 2016 中，按 Ctrl+V 组合键与单击功能区的"复制"按钮的功能相同。（　　）

16．"首行缩进"格式可以在字体设置中完成。（　　）

17．在 Word 2016 中，编辑表格时，只能在表格内输入文字，不能插入图片。（   ）
18．打开 Word 2016 文档，其本质是把文档内容从内存中读取并显示出来。（   ）
19．在 Word 2016 中，设置打印纸大小，应选择"文件"选项卡的"打印预览"选项。
（   ）
20．在 Word 2016 中，一个非 Word 2016 格式的标准文件经过转换后可以使用。
（   ）
21．在 Word 2016 中，要选定某句子时，应双击该句子中的文本。（   ）
22．插入艺术字时，可以单击"插入"选项卡的"艺术字"按钮。（   ）
23．在 Word 2016 中，可以同时打开多个文档，当前活动的文档只能有一个。（   ）
24．在 Word 2016 中，剪切掉的内容不能再恢复了。（   ）
25．在 Word 2016 中，单击启动对话框按钮 会弹出一个对话框。（   ）
26．在 Word 2016 中，进行打印预览时，可同时观看多页。（   ）
27．不能直接在 DOS 环境下运行 Word 2016。（   ）
28．在 Word 2016 窗口中，标题栏最右边的按钮是"还原"按钮。（   ）
29．设置段落的行距时，最小的行距是"单倍行距"。（   ）
30．使用 Word 2016 时，可以在编辑一个文档的同时打印另外一个文档。（   ）

实训操作

任务 1 "莫言的家庭生活"文档排版

操作要求：

1．打开文档"莫言的家庭生活（文字素材）.docx"，设置标题格式为居中、加粗、倾斜、二号、绿色。

2．将正文文字字号设为四号，字体设为"楷体_GB2312"。

3．将正文两段文字内容设置成首行缩进两个字符。

4．将正文第一段的段前间距设为 0.5 行，正文行距 25 磅。

5．将正文中的"管笑笑"全部设置为蓝色、仿宋并加着重号。

6．将正文第一段字间距加宽 1 磅。

7．将文档的页脚文字设置为"莫言的家庭生活"（不包括引号），且页脚文字居中。

8．为正文最后一句"这对父女作家，给文坛平添了段佳话。"设置边框，底纹填充色为黄色。

9．保存并关闭文档。

文档编辑完成后效果如图 3-1 所示。

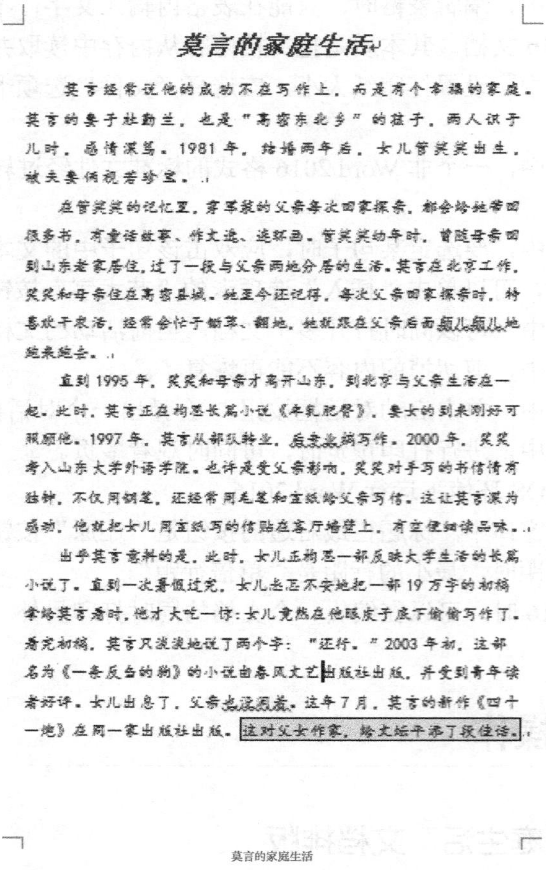

莫言的家庭生活

莫言经常说他的成功不在写作上，而是有个幸福的家庭。莫言的妻子杜勤兰，也是“高密东北乡”的孩子，两人识于儿时，感情深笃。1981年，结婚两年后，女儿管笑笑出生，被夫妻俩视若珍宝。

在管笑笑的记忆里，穿军装的父亲每次回家探亲，都会给她带回很多书，有童话故事、作文选、连环画。管笑笑幼年时，曾随母亲回到山东老家居住，过了一段与父亲两地分居的生活。莫言在北京工作，笑笑和母亲住在高密县城。她至今还记得，每次父亲回家探亲时，特喜欢干农活，经常会忙于锄草、翻地，她就跟在父亲后面颠儿颠儿地跑来跑去。

直到1995年，笑笑和母亲才离开山东，到北京与父亲生活在一起。此时，莫言正在构思长篇小说《丰乳肥臀》，妻女的到来刚好可照顾他。1997年，莫言从部队转业，后专业搞写作。2000年，笑笑考入山东大学外语学院。也许是受父亲影响，笑笑对手写的书信情有独钟，不仅用钢笔，还经常用毛笔和宣纸给父亲写信。这让莫言深为感动，他就把女儿用宣纸写的信贴在客厅墙壁上，有空便细读品味。

出乎莫言意料的是，此时，女儿正构思一部反映大学生活的长篇小说了。直到一次暑假过完，女儿忐忑不安地把一部19万字的初稿拿给莫言看时，他才大吃一惊：女儿竟然在他眼皮子底下偷偷写作了。看完初稿，莫言只淡淡地说了两个字：“还行。”2003年初，这部名为《一条反刍的狗》的小说由春风文艺出版社出版，并受到青年读者好评。女儿出息了，父亲也深感欣慰。这年7月，莫言的新作《四十一炮》在同一家出版社出版。这对父女作家，给文坛平添了段佳话。

莫言的家庭生活

图 3-1 “莫言的家庭生活”文档排版

任务 2 “含羞草”文档排版

操作要求：

1．新建文档，以文档名“含羞草.docx”保存到桌面。

2．打开“含羞草文字素材.txt”，将全部文字复制到“含羞草.docx”中。

3．将标题文字“含羞草”设为二号，居中，加粗，文字效果设为“填充色：橄榄色，主题色 3，锋利棱台”。

4．将各段首行缩进 2 个字符。

5．交换第一段、第二段文字，将正文三、四段合为一段。

6．将“含羞草是一种叶片会运动的草本植物，……”所在段落设置段前间距为 6 磅、段后间距为 8 磅。

7．设第一段行距为 2 倍行距，第二段行距为固定值 30 磅。

8．设置页眉和页脚，页眉文字为“含羞草”三个字（不包括引号），居中。页脚处插入页码，右对齐。

9．给文中所有的“含羞草”三字加绿色边框。

10．保存文档。

文档编辑完成后效果如图3-2所示。

含羞草

含羞草为什么会有这种奇怪的行为？原来它的老家在热带美洲地区，那儿常常有猛烈的狂风暴雨，而含羞草的枝叶又很柔弱，在刮风下雨时将叶片合拢就避免了被摧折的危险。

含羞草是一种叶片会运动的草本植物。身体开头多种多样，有的直立生长，有的爱攀爬到别的植物身上，也有的索性躺在地上向四周蔓生。在它的枝条上长着许多锐利尖刺，绿色的叶片分出3～4张羽片，很像一个害羞的小姑娘，只要碰它一下，叶片很快会合拢起来，仿佛在表示难为情。手碰得轻，叶子合拢得慢；碰得重，合拢得快，有时连整个叶柄都会下垂，但是过一会后，它又会慢慢恢复原状。

最近有个科学家在研究中还发现了另外一个原因，他说含羞草合拢叶片是为了保护叶片不被昆虫吃掉，因为当一些昆虫落脚在它的叶片上时，正准备大嚼一顿，而叶片突然关闭，一下子就把毫无准备的昆虫吓跑了。含羞草还可以做药，主要医治失眠、肠胃炎等病症。在所有会运动的植物中，最有趣的是一种印度的跳舞草，它的叶子就像贪玩的孩子，不管是白天还是黑夜，不管是有风还是没风，一直像舞蹈家样在永不疲倦地跳着华尔兹舞。

图3-2 "含羞草"文档效果（样文，未编加）

任务3 "鸟类的飞行"文档排版

操作要求：

1．打开文档"鸟类的飞行文字素材.docx"。
2．设置页面：纸张大小为B5，页边距均为2cm。
3．设置标题：幼圆、三号、字符间距5磅、居中对齐。
4．设置正文：宋体、五号、行间距1.5倍、首行缩进2个字符。
5．设置首字下沉：为第一段设置首字下沉，下沉行数为两行。下沉文字格式为隶书、距正文0.5cm。
6．设置边框和底纹：将第二段底纹设置为"白色，背景1，深色25%"、双波浪线边框。
7．设置分栏：将第三段分为两栏，不加分隔线。
8．设置页眉和页脚：在页眉输入文字"动物世界"，在页脚插入页号。
9．编辑完，保存后关闭文档。

文档编辑完成后效果如图3-3所示。

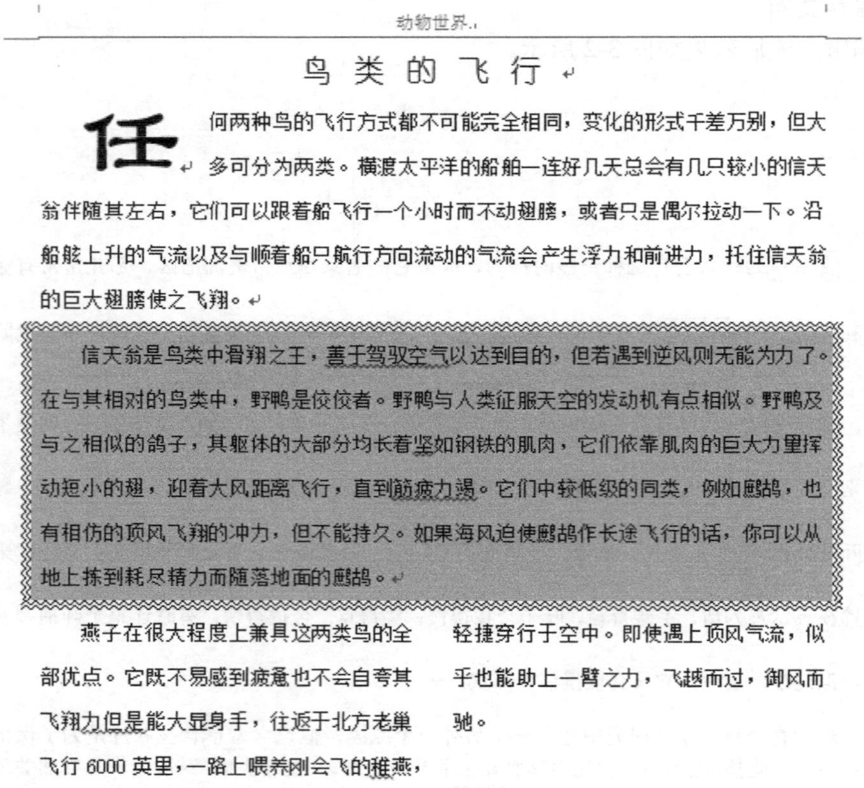
动物世界

鸟类的飞行

任何两种鸟的飞行方式都不可能完全相同，变化的形式千差万别，但大多可分为两类。横渡太平洋的船舶一连好几天总会有几只较小的信天翁伴随其左右，它们可以跟着船飞行一个小时而不动翅膀，或者只是偶尔拉动一下。沿船舷上升的气流以及与顺着船只航行方向流动的气流会产生浮力和前进力，托住信天翁的巨大翅膀使之飞翔。

信天翁是鸟类中滑翔之王，善于驾驭空气以达到目的，但若遇到逆风则无能为力了。在与其相对的鸟类中，野鸭是佼佼者。野鸭与人类征服天空的发动机有点相似。野鸭及与之相似的鸽子，其躯体的大部分均长着坚如钢铁的肌肉，它们依靠肌肉的巨大力量挥动短小的翅，迎着大风距离飞行，直到筋疲力竭。它们中较低级的同类，例如鹧鸪，也有相仿的顶风飞翔的冲力，但不能持久。如果海风迫使鹧鸪作长途飞行的话，你可以从地上拣到耗尽精力而随落地面的鹧鸪。

燕子在很大程度上兼具这两类鸟的全部优点。它既不易感到疲惫也不会自夸其飞翔力但是能大显身手，往返于北方老巢飞行 6000 英里，一路上喂养刚会飞的雏燕，轻捷穿行于空中。即使遇上顶风气流，似乎也能助上一臂之力，飞越而过，御风而驰。

图 3-3 “鸟类的飞行”文档效果（样文，未编加）

任务 4 “数学思想漫谈”文档排版

操作要求：

1．打开“数学思想漫谈文字素材.docx”，将其另存为“数学思想漫谈.docx”。

2．在“数学思想漫谈.docx”中，将标题文字设为艺术字，字体为黑体、小初号、加粗、居中、字符间距加宽 1 磅；样式为“填充白色；边框：红色，主题色 2；清晰阴影：红色，主题色 2”，艺术字变形为“波形下”，环绕方式为“上下型环绕”。

3．设置正文字体为楷体、四号。正文各段首行缩进两个字符，各段的段前间距设为 0.5 行，正文行间距设为固定值 20 磅。

4．在正文第二段中“你穷毕生精力也不会验证完。”后插入图片“科学家.jpg”，设置图片高度为 6cm，宽度为 5cm，环绕方式为四周型，位置为“中间居中”，图片样式为“映像圆角矩形”。

5．查找与替换：将正文中所有“数学”二字字体设置为红色、宋体，字号设为“三号”。

6．将文档的背景填充效果颜色设为“预设-雨后初晴”，底纹样式设为“角部辐射”。

7．页面设置：纸张大小为 A4，纸张方向为“纵向”，页边距上下左右均为 2 厘米。

文档编辑完成后效果如图 3-4 所示。

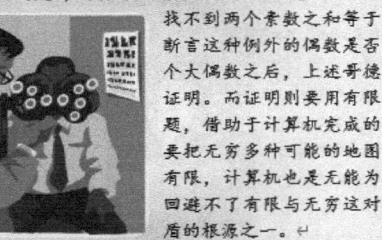

图 3-4 "数学思想漫谈"文档效果(样文,未编加)

任务 5 "鲁迅"文档排版

操作要求:

1. 打开"鲁迅素材.docx",将其另存为"鲁迅.docx"。
2. 在"鲁迅.docx"中,设置正文字体宋体、四号。正文各段首行缩进两个字符。
3. 在正文中插入竖排文本框,输入内容"一句并非鲁迅的「名言」",字体设为华文楷体,二号。参考样例,调整文本框的大小,并将其移动到合适的位置,文本框的环绕方式设为紧密型。文本框填充颜色设为黄色,无边框。
4. 插入图片"鲁迅.jpg",图片来自文件。图片环绕方式设为四周型,调整图片大小及位置。
5. 在第一行"鲁迅"后面插入脚注,内容"鲁迅(1881—1936),浙江绍兴人,中国现代伟大的文学家、思想家和革命家。鲁迅原名周樟寿,后改名周树人,字豫才。"并修改编号的格式。

6．在第二行"《鲁迅全集》"后面插入尾注，内容为"1973年12月，人民文学出版社出版了20卷的《鲁迅全集》。收录了《呐喊》、《彷徨》、《朝花夕拾》等。"

7．插入页眉，并设置奇偶页不同，奇数页的页眉设为"一句并非鲁迅的'名言'"，偶数页页眉设为"杂谈"。

8．插入页码，设页码格式为"-1-"。

文档编辑完成后效果如图3-5所示。

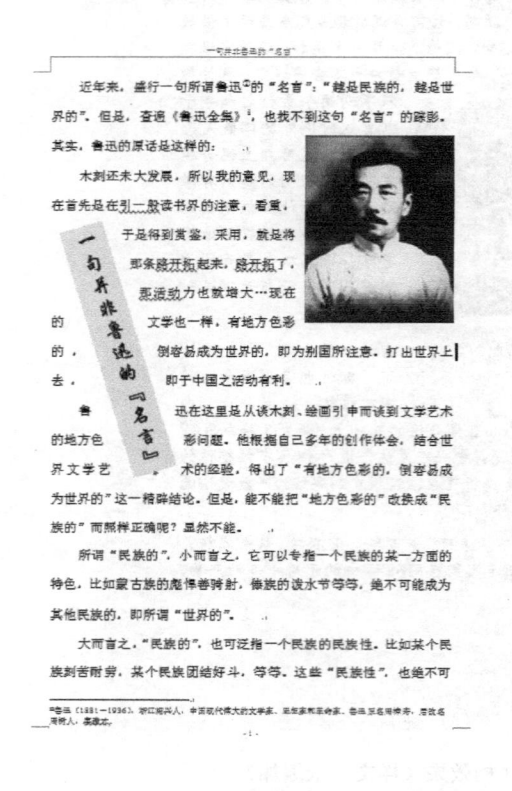

图3-5 "鲁迅"文档效果（样文未编加）

任务6 "招聘启事"文档排版

操作要求：

根据下列要求完成文档的编排并保存：

1．打开"招聘启事文字素材.docx"，将其另存为"招聘启事.docx"。

2．设置"招聘启事.docx"文档的页边距为"适中"。

3．参照样例，插入艺术字"招聘启事"，设置字体为"华方行楷"，字号为"初号"，加粗。并设置艺术字样式为"填充：红色，主题色2；边框：红色，主题色2"。艺术字无轮廓，并设置向右偏移的外部阴影效果。

4．设置艺术字与文字的环绕方式为上下型环绕，调整至合适的位置。

5．正文第一段格式设为宋体、四号字。正文各段首行缩进两个字符。

6．正文第二段格式设为楷体、四号字、加粗倾斜、红色、加着重号，段前段后间距各1行，添加合适的项目符号，项目符号的颜色为红色。将第二段文字的格式复制到文字“Java测试工程师（3名）”上。

7．正文第三段及第九段的文字“职位要求”，设为宋体、四号字，字间距加宽2磅。

8．参照样例，将两处职位要求下面的三段分别加编号。

9．将“以上……空间”设为宋体、五号，加粗。

10．将最后四段设为宋体、五号，左缩进24个字符。

11．设置图片水印，图片来自“办公室.jpg”。

文档编辑完成后效果如图3-6所示。

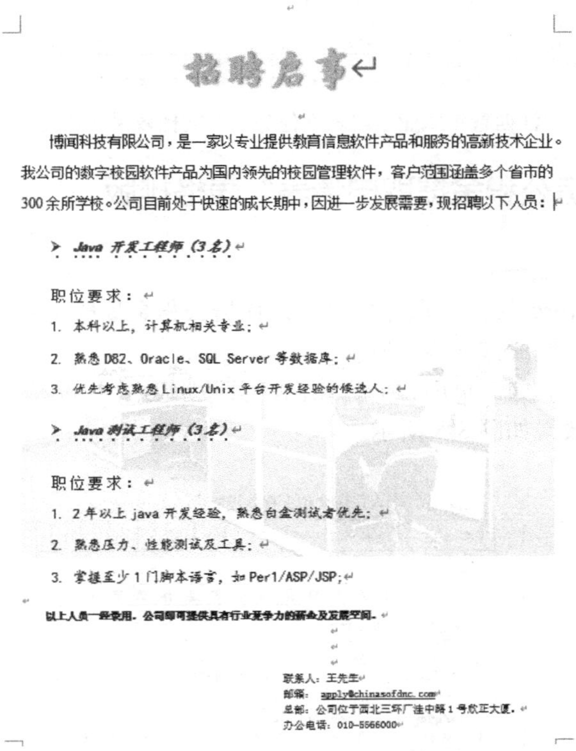

招聘启事

博闻科技有限公司，是一家以专业提供教育信息软件产品和服务的高新技术企业。我公司的数字校园软件产品为国内领先的校园管理软件，客户范围涵盖多个省市的300余所学校。公司目前处于快速的成长期中，因进一步发展需要，现招聘以下人员：

➢ Java开发工程师（3名）

职位要求：

1. 本科以上，计算机相关专业；
2. 熟悉DB2、Oracle、SQL Server等数据库；
3. 优先考虑熟悉Linux/Unix平台开发经验的候选人；

➢ Java测试工程师（3名）

职位要求：

1. 2年以上java开发经验，熟悉白盒测试者优先；
2. 熟悉压力、性能测试及工具；
3. 掌握至少1门脚本语言，如Perl/ASP/JSP；

以上人员一经录用，公司即可提供具有行业竞争力的薪金及发展空间。

联系人：王先生
邮箱：apply@chinasofdnc.com
总部：公司位于西北三环屯佳中路1号欣正大厦。
办公电话：010-5566000

图3-6 “招聘启事”文档效果（样文，未编加）

任务7 “江西青年职业学院教学任务书”文档排版

操作要求：

1．新建一空白Word文档，保存为“江西青年职业学院教学任务书.docx”，参照“教学任务书”效果图，完成该表格的制作。

2．设置纸张大小为A4，页面方向为横向，上边距1.5厘米，下边距、左右边距均为2厘米。

表格编辑完成后效果如图3-7所示。

图 3-7 "江西青年职业学院教学任务书"文档效果（样文，未编加）

任务 8 "个人住房公积金提取申请表"表格排版

操作要求：

1．新建一空白 Word 文档，保存为"个人住房公积金提取申请表.docx"，参照"公积金提取申请表"效果图，完成该表格的制作。

2．设置纸张大小为 A4，页面方向为纵向，页边距为适中。

表格编辑完成后效果如图 3-8 所示。

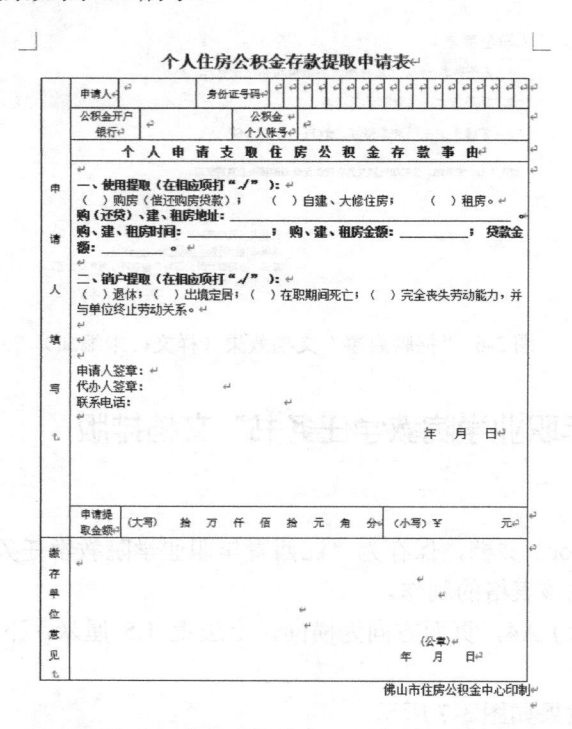

图 3-8 "个人住房公积金提取申请表"文档效果（样文，未编加）

任务 9　制作“课程表”

操作要求：

1．新建一空白 Word 文档，保存为“我的课程表.docx”，参照“课程表.docx”，完成该表格的制作。

2．表格中的斜线表头，可以用插入“形状”，选择“直线”来绘制，表头中的每个文字可以用文本框来输入，文本框的轮廓及填充颜色均设为无。

3．设置表格的外框线。选好线型后，设置颜色为“橄榄色-个性色 3，深色 50%”。线条宽度设为 2.25 磅。

4．表格第三行的下框线需要另外选择线型。

表格编辑完成后效果如图 3-9 所示。

课 程 表

课程　星期 节次	星期一	星期二	星期三	星期四	星期五
1-2 节					
3-4 节					
5-6 节					
7-8 节					

图 3-9　“课程表”文档效果

任务 10　“成绩表”的排序与计算

操作要求：

根据下列要求完成文档的编排并保存：

1．打开“成绩表.docx”。

2．选中各段，将选中的文本转换为表格。

3．在表格最后增加一列，列标题输入“总分”，利用公式计算每位同学的总分。

4．在表格最后增加一行，合并这一行的前两个单元格，输入“课程平均分”，利用公式计算每门课程的平均分，保留一位小数。

5．对表格前 9 行排序，按高等数学为第一关键字降序，大学英语为第二关键字降序对整个表格排序。

6．将表格套用格式“清单表 2-着色 2”效果。

7．将表格中的文字设为水平居中，表格居中对齐。

8．参照样例，适当调整表格大小。

表格编辑完成后效果如图 3-10 所示。

姓名	性别	高等数学	大学英语	计算机基础	总分
李 枚	女	96	95	97	288
马宏军	男	96	92	88	276
李 博	男	89	86	80	255
程小霞	女	79	75	86	240
王大伟	男	78	80	90	248
柳亚萍	女	72	79	80	231
丁一平	男	69	74	79	222
张珊珊	女	60	68	75	203
课程平均分		79.9	81.1	84.4	

图 3-10 "成绩表"文档效果

任务 11　制作"促销规划图"

操作要求：

1. 新建一空白 Word 文档，保存为"促销规划.docx"，参照"促销规划图样稿.docx"，完成该文档的制作。

2. 输入标题后，按回车键另起一行，在"插入"→"形状"中选择新建绘图画布，调整画布大小，并设置画布的填充效果为图片类型，图片选择"画布背景.jpg"，图片透明度设为70%。

3. 在画布中绘制各种形状，并设置形状格式。五个矩形框设形状样式为"强烈效果-水绿色，强调颜色 5"，第二行中的三个圆角矩形填充为"细微效果-水绿色，强调颜色 5"。中间三个圆角矩形填充为"纹理"-"粉色面巾纸"。虚尾箭头填充为"图案"-"大纸屑"，设置前景色为橙色，背景色为白色。

编辑完成后效果如图 3-11 所示。

任务 12　制作"组织结构图"

操作要求：

1. 新建一空白 Word 文档，保存为"组织结构图.docx"，参照"组织结构图样稿.docx"，完成该文档的制作。

2. 插入 SmartArt 组织结构图，设置字号为 16 号字，SmartArt 样式为"白色轮廓"。可以统一将最后一行的矩形框高度设为 4.6 厘米，宽度为 1 厘米。

编辑完成后效果如图 3-12 所示。

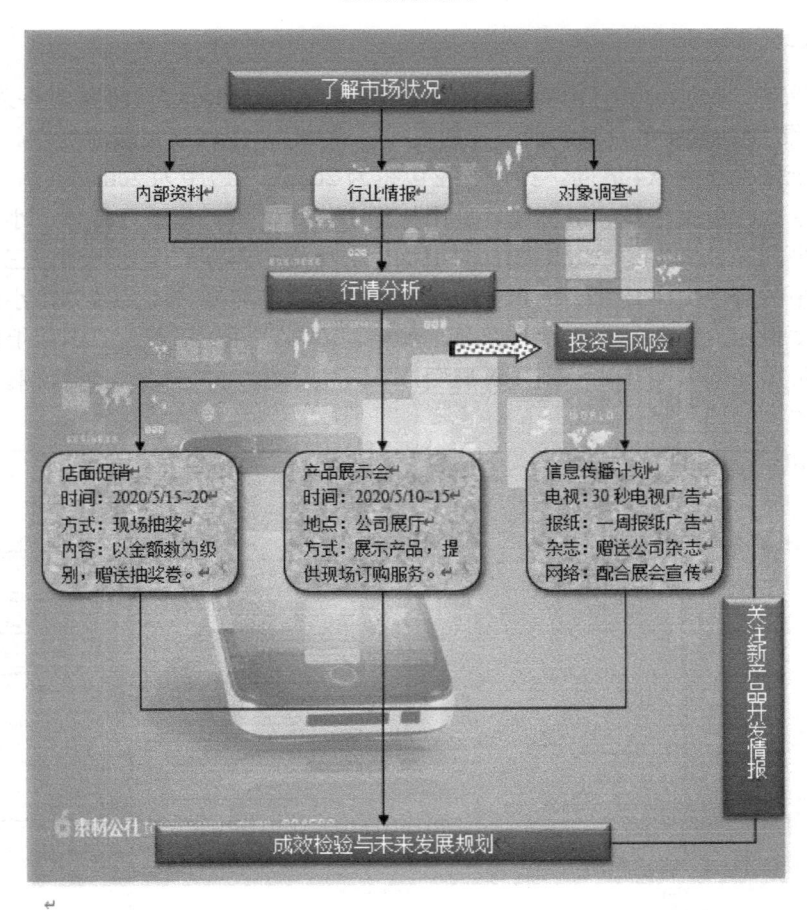

图 3-11 "促销规划"文档效果（样文，未编加）

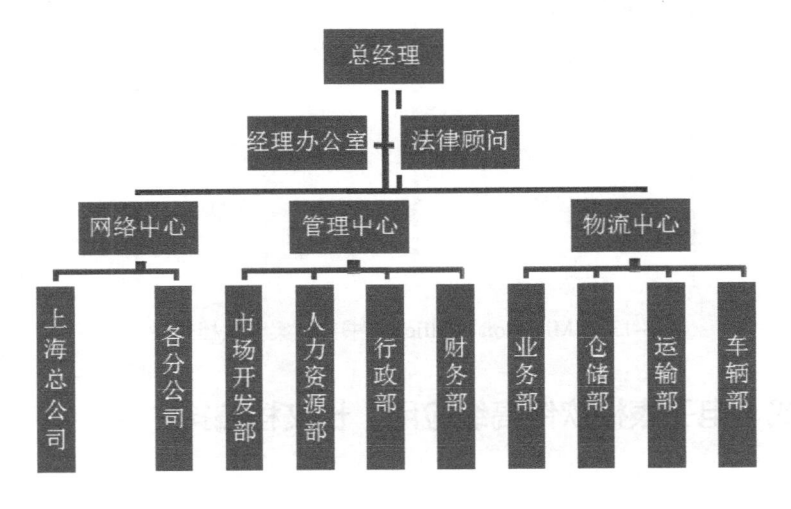

图 3-12 "组织结构图"文档效果

任务 13　完成"Microsoft_Office 图书策划案"长文档编排

操作要求：

1．打开文档"Microsoft_Office 图书策划案_文字素材.docx",将其另存为"图书策划案.docx",参照"Microsoft_Office 图书策划案样稿.docx",完成该文档的制作。

2．调整纸张大小为 A4 纵向,页边距左边距为 2cm,右边距为 2cm。

3．文档中的红色文字是一级标题,应用标题 1 样式,将样式改为黑体、小一号字。

4．文档中的绿色文字是二级标题,应用标题 2 样式,将样式改为黑体、三号、蓝色。

5．文档中的蓝色文字是三级标题,应用标题 3 样式,将样式改为黑体、小四号、蓝色。

6．请为文档加入页码,页码字号四号,加粗、倾斜,并加橙色、2.25 磅上框线。

7．请在页眉处插入图片,分别是页眉图片 1、页眉图片 2,效果参考样例。

8．请为本文档插入目录。

编辑完成后效果如图 3-13 所示。

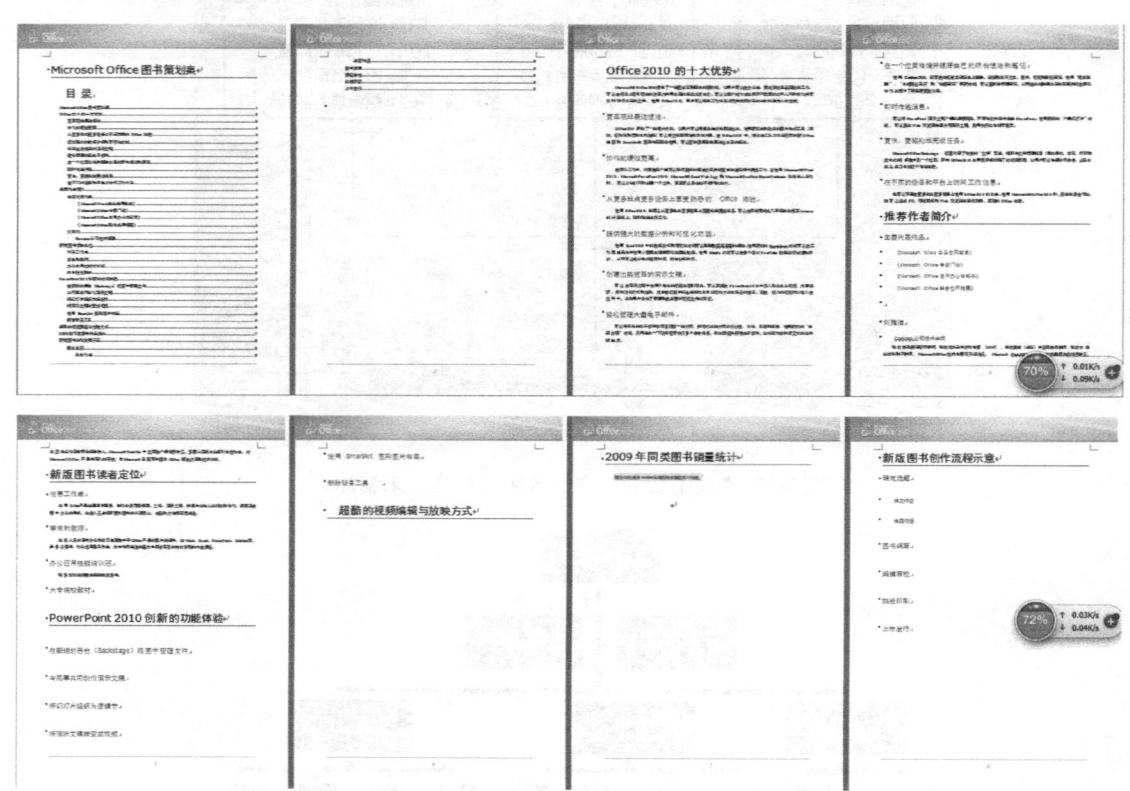

图 3-13　"Microsoft、Office 图书策划案"文档效果

任务 14　完成"电子表格软件高级应用"长文档编排

操作要求：

1．打开文档"电子表格软件高级应用_文字素材.docx",将其另存为"电子表格软件高级

应用.docx"。设置页面纸张大小为自定义 32cm*23cm，横向用纸，上、下、左、右页边距各为2厘米。将全文分两栏，栏间距为4个字符。

2．红色文字是文档的章标题（标题文字前加编号，编号格式如，第1章）：设标题1的样式，将标题1样式改为宋体，二号，加粗，段前1.5行，段后1.5行，单倍行距，水平居中对齐。

3．绿色文字是节标题（标题文字前加编号，如1.1），应用标题2样式，并改为黑体，小二号，加粗，段前0.5行，段后0.5行，2倍行距。

4．蓝色文字是节标题（标题文字前加编号，如1.1.1）：应用标题3样式，并改为黑体，小三号，黑色，加粗，段前20磅，段后20磅，15磅行距。

5．正文：宋体，小四号，段前0行，段后0行，1.3倍行距，首行缩进2个字符。

6．在第2页中插入提供的素材"图1.jpg"。

7．在每个图的下方文字前插入题注，标签为"图"，编号要包含章节号。

8．参照样例，在正文前插入一节（分页），并在第一页自动生成文档目录，其中目录格式要求：小四号，行间距1.5倍。

9．为文档插入页眉和页脚，其中目录无页眉，目录页脚居中显示页码，格式为"I"，正方页眉文字为本章标题、页脚格式如"-1-"。

文档编辑完成后部分效果如图3-14所示。

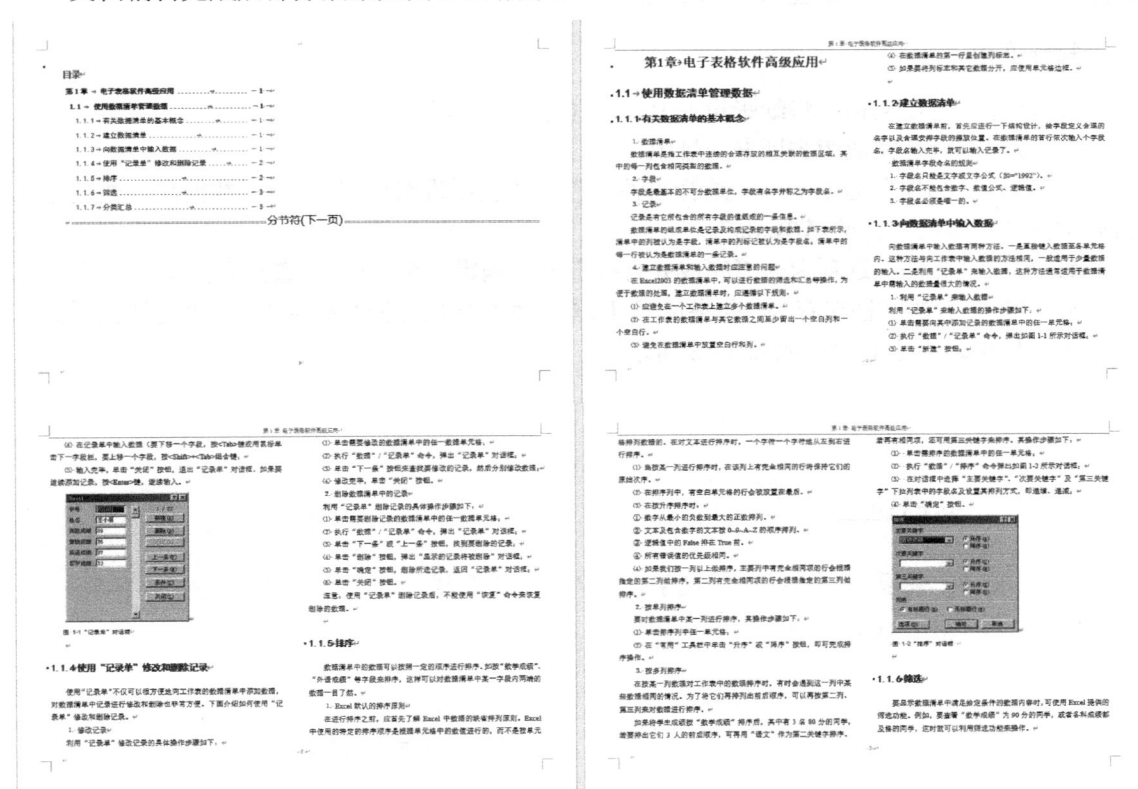

图3-14 "电子表格软件高级应用"文档效果

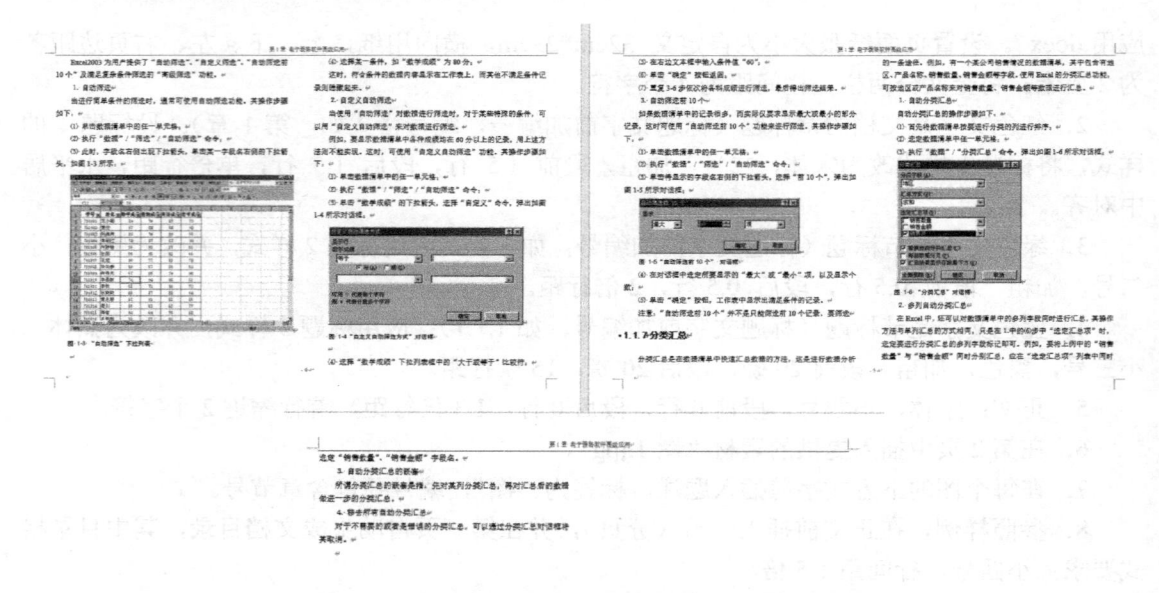

图 3-14 "电子表格软件高级应用"文档效果（续）

任务 15　完成"荣誉证书"批量制作

操作要求：

1．新建一空白文档，将纸张设为 B5，方向为"横向"。

2．参照样例，完成荣誉证书的排版。

3．单击"邮件"选项卡→"选择收件人"→"使用现有列表"，选择数据源，数据源来自教学资源包中的"获奖名单.xls"。

4．单击"邮件"选项卡→"完成并合并"→"编辑单个文档"，选择合并全部记录。

5．将合并后的文档保存为"荣誉证书.docx"，主文档保存为"荣誉证书（主文档）.docx"。主文档编辑完成后效果如图 3-15 所示。

　　《姓名》　同学：

　　　荣获江西青年职业学院二〇二二年度 《奖项名称》 荣誉称号。特发此证，以资鼓励。

　　　　　　　　　　　　　　　　　　江西青年职业学院
　　　　　　　　　　　　　　　　　　2022 年 9 月 20 日

图 3-15　"荣誉证书"批量制作

任务 16　完成"信封"批量制作

操作要求：

根据下列要求完成文档的编排并保存：

1．新建一空白文档，单击"邮件"选项卡→"开始邮件合并"→"信封"，在打开的"信封选项"对话框的"信封尺寸"下列列表中选择"普通 5"。

2．参照样例，完成信封的排版，图片来自教学资源包"学院图标.png"。

3．单击"邮件"选项卡→"选择收件人"→"使用现有列表"，选择数据源，数据源来自教学资源包中的"校友花名册.xlsx"。

4．将合并后的文档保存为"邀请函信封.docx"，主文档保存为"邀请函信封（主文档）.docx"。

主文档编辑完成后效果如图 3-16 所示。

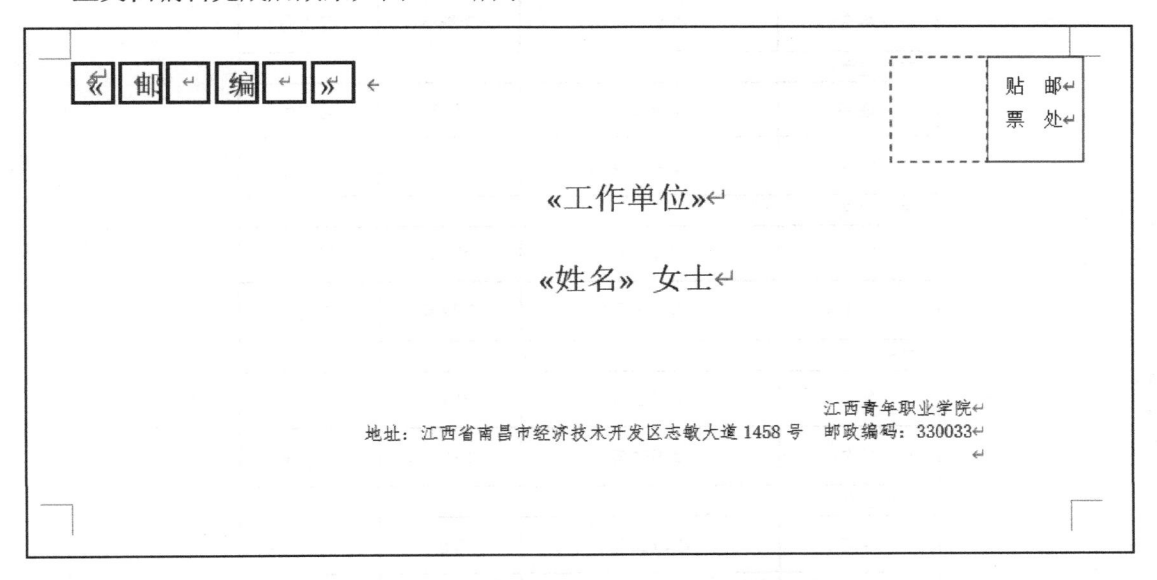

图 3-16　"邀请函信封（主文档）"文档效果

任务 17　完成"准考证"批量制作

操作要求：

1．新建一空白文档，参照样例，利用邮件合并功能完成准考证主文档的排版。

2．插入表格，并在表格中的合适位置插入合并域。邮件合并的数据源来自教学资源包中的"准考证信息.xls"。

3．在制作完一个表格后，需要定位到下一行，单击"邮件"选项卡→"规则"→"下一记录"，再继续插入下一个表格，重复此操作直到完成这一页上全部表格的制作（表格可复制）。

4．将合并后的文档保存为"准考证 1.docx"，主文档保存为"准考证（主文档）.docx"。

主文档编辑完成后效果如图 3-17 所示。

姓名	准考证号	考场	座位号
«姓名»	«准考证号»	«考场号»	«座位号»

«下一记录»

姓名	准考证号	考场	座位号
«姓名»	«准考证号»	«考场号»	«座位号»

«下一记录»

姓名	准考证号	考场	座位号
«姓名»	«准考证号»	«考场号»	«座位号»

«下一记录»

姓名	准考证号	考场	座位号
«姓名»	«准考证号»	«考场号»	«座位号»

«下一记录»

姓名	准考证号	考场	座位号
«姓名»	«准考证号»	«考场号»	«座位号»

«下一记录»

姓名	准考证号	考场	座位号
«姓名»	«准考证号»	«考场号»	«座位号»

«下一记录»

姓名	准考证号	考场	座位号
«姓名»	«准考证号»	«考场号»	«座位号»

«下一记录»

姓名	准考证号	考场	座位号
«姓名»	«准考证号»	«考场号»	«座位号»

图 3-17 "准考证（主文档）"文档效果

项目 4

Excel 数据管理与分析

知识练习

一、单项选择题

1. Microsoft Excel 2016 是处理（　　）的软件。
   A．数据制作报表　　B．图像效果　　C．图形设计方案　　D．文字编辑排版
2. 使用 Excel 2016 生成的电子表格，可以被称为（　　）。
   A．工作表　　　　B．工作簿　　　　C．文档　　　　　D．单元格
3. 下面"（　　）"选项卡是 Word 和 Excel 都有的。
   A．文件、编辑、视图、工具、数据　　B．文件、视图、格式、表格、数据
   C．插入、视图、格式、表格、数据　　D．文件、开始、视图、格式、工具
4. 要获得 Excel 2016 的联机帮助信息，可以按（　　）键。
   A．Esc　　　　　B．F10　　　　　C．F1　　　　　　D．F3
5. Excel 2016 工作簿默认的扩展名为（　　）。
   A．.docx　　　　B．.xlsx　　　　C．.dotx　　　　D．.xltx
6. Excel 2016 工作簿所包含的工作表最多可达（　　）个。
   A．256　　　　　B．128　　　　　C．255　　　　　D．64
7. 启动 Excel 2016 后，其默认的工作表有（　　）个。
   A．16　　　　　B．8　　　　　　C．32　　　　　　D．3
8. 在 Excel 2016 工作表中，不正确的单元格地址为（　　）。
   A．C$66　　　　B．$C66　　　　C．C6$6　　　　D．$C$66
9. 在 Excel 2016 工作表中，在某单元格内输入数值 123，不正确的输入形式为（　　）。
   A．123　　　　　B．=123　　　　C．+123　　　　D．*123
10. 在 Excel 2016 工作表中进行智能填充时，鼠标指针的形状为（　　）。
    A．空心粗十字　　　　　　　　　B．向左上方的箭头
    C．实心细十字　　　　　　　　　D．向右上方的箭头
11. 下列关于在 Excel 2016 工作簿中移动和复制工作表的说法中，正确的是（　　）。

A．工作表只能在所在的工作簿内移动，不能复制
B．工作表只能在所在的工作簿内复制，不能移动
C．工作表可以移动到所在的工作簿内，但不能复制到其他工作簿内
D．工作表可以移动到所在的工作簿内，也可以复制到其他工作簿内

12．在 Excel 2016 中，选择多个连续工作表的正确步骤是（　　）。
① 按住 Shift 键不放
② 选择第 1 个工作表的标签
③ 选择最后一个工作表的标签
  A．①②③ B．②①③ C．③②① D．①③②

13．在 Excel 2016 中，当初次保存了工作簿后，对工作簿文件进行修改后再保存可通过按（　　）组合键来实现。
  A．Ctrl+S B．Alt+S C．Ctrl+A D．Alt+A

14．在 Excel 2016 工作表中，活动单元格只能是（　　）。
  A．选定的一行 B．选定的一列 C．一个 D．选定的整个区域

15．Excel 工作簿模板文件的扩展名为（　　）。
  A．.docx B．.dotx C．xlsx D．.xltx

16．在 Excel 工作表的单元格中输入数字字符串 100083（邮政编码）时，应输入（　　）。
  A．100083 B．'100083 C．'100083 D．100083'

17．若关闭工作簿，但不想退出 Excel 应用程序，则可以（　　）。
  A．执行"文件"→"关闭"菜单命令 B．执行"文件"→"退出"菜单命令
  C．执行"窗口"→"退出"菜单命令 D．执行"窗口"→"关闭"菜单命令

18．Excel 2016 工作表的名称 Sheet1，Sheet2，Sheet3……是（　　）。
  A．工作表标签 B．工作簿名称 C．单元名称 D．菜单

19．在 Excel 2016 中选定单元格区域的方法为选中区域内的某个角的单元格，按住（　　）不放，再选定区域内的对角单元格。
  A．Alt 键 B．Ctrl 键 C．Shift 键 D．任意键

20．复制选定的单元格数据时，需要按住（　　）键并拖动鼠标。
  A．Shift B．Ctrl C．Alt D．Esc

21．在 Excel 2016 中，字符型数据默认的显示方式是（　　）。
  A．中间对齐 B．右对齐 C．左对齐 D．自定义

22．在 Excel 2016 中，行号是以（　　）排列的。
  A．英文字母序列 B．阿拉伯数字 C．汉语拼音 D．任意确定

23．在 Excel 2016 中，单元格的地址是由（　　）表示的。
  A．列标和行号 B．行号 C．列标 D．任意确定

24．在 Excel 2016 中，下列单元格地址中属于绝对地址的是（　　）。
  A．E9 B．$H$6 C．E$3 D．$C7

25．在 Excel 2016 中，选定不连续的单元格区域的方法为选定一个单元格区域，按住（　　）不放，再选定其他单元格或单元格区域。
  A．Shift 键 B．Ctrl 键 C．Alt 键 D．任意键

26．在 Excel 2016 工作表中，（　　）是单元格的混合引用格式。

A．B10　　　　B．$B$10　　　　C．B$10　　　　D．以上都不是

27．复制单元格数据的组合键为（　　）。
A．Ctrl+X　　　B．Ctrl+V　　　C．Ctrl+Y　　　D．Ctrl+C

28．非当前工作表 Sheet3 的 B5 单元格的地址应表示为（　　）。
A．Sheet3.B5　　B．Sheet3!B5　　C．B5!Sheet3　　D．Sheet3\B5

29．在 Excel 中可以创建多个工作表，每个表由多行多列组成，它的最小单位是（　　）。
A．工作簿　　　B．工作表　　　C．单元格　　　D．字符

30．如果希望打印内容处于页面中心，那么可以在页面设置中设置（　　）格式。
A．水平居中　　B．垂直居中　　C．无法办到　　D．水平和垂直居中

31．为了输入一批有规律的递减数据，在使用填充柄时，应先选定（　　）。
A．有关系的相邻区域　　　　　　B．任意有值的一个单元格
C．不相邻的区域　　　　　　　　D．不要选择任意区域

32．在 Excel 中，如果要删除整个工作表，则正确的操作步骤是（　　）。
A．选定要删除工作表的标签，再按 Delete 键
B．选定要删除工作表的标签，按住 Shift 键不放，再按 Delete 键
C．选定要删除工作表的标签，按住 Ctrl 键不放，再按 Delete 键
D．选定要删除工作表的标签，在"开始"选项卡的"单元格"组中，选择"删除"→"删除工作表"选项

33．在 Excel 中，如果工作表被误删除，则使用"常用"工具栏的"撤销"按钮，（　　）恢复工作表。
A．可以　　　　B．不可以　　　C．不一定可以　　D．不一定不可以

34．在 Excel 的工作表中，输入数据后，若要确认输入数据，则可以按 Enter 键或单击编辑栏的（　　）按钮。
A．𝑓ₓ　　　　　B．✔　　　　　C．✘　　　　　D．⌄

35．在 Excel 2016 的单元格区域的表示方法中，区域符号用冒号表示，通常的格式为"第1单元格地址:第2单元格地址"，以 A1 和 C5 为对角所形成的矩形区域的表示方法是（　　）。
A．A1:C5　　　B．C5;A1　　　C．A1+C5　　　D．A1,C5

36．在 Excel 2016 的单元格中，公式必须以（　　）开头。
A．等号　　　　B．SUM　　　　C．加号　　　　D．单元格地址

37．公式"=SUM(C2:C6)"的作用是（　　）。
A．求 C2～C6 这 5 个单元格的数据之和
B．求 C2 和 C6 这两个单元格的数据之和
C．求 C2 与 C6 这两个单元格的数据的比值
D．以上说法都不对

38．单元格 E10 的值等于单元格 E5 的值加单元格 E6 的值，在单元格 E10 中输入公式（　　）。
A．=E5+E6　　B．=E5:E6　　　C．E5+E6　　　D．E5:E6

39．对工作表中的 A2:A6 单元格区域进行求和运算，在选定存放计算结果的单元格后，输入（　　）。
A．SUM(A2:A6)　　　　　　　　B．A2+A3+A4+A5+A6

　　　　C．=SUM(A2:A6)　　　　　　　　D．=SUM(A2, A6)

40．在公式运算中，如果要引用第 6 行的绝对地址和第 D 列的相对地址，则写为（　　）。
　　　　A．6D　　　　B．D$6　　　　C．$6$D　　　　D．$D6

41．在 Excel 2016 的单元格中，下列表达式中，输入错误的是（　　）。
　　　　A．=(15-B1)/43　　　　　　　B．=A2+A3+A4
　　　　C．SUM(B2:C4)/2　　　　　　D．=B2/C1

42．在公式运算中，如果要引用第 6 行的相对地址、第 A 列的绝对地址，则写为（　　）。
　　　　A．A6　　　　B．A$6　　　　C．$6$A　　　　D．$A6

43．在 Excel 2016 的工作表中，若要对一个区域中的各行数据求和，应使用（　　）函数，或者单击工具栏的"Σ"按钮进行运算。
　　　　A．Average　　　B．Sum　　　　C．Sun　　　　D．Sin

44．Excel 2016 常用的运算符有引用运算、算术运算、（　　）和比较运算四类。
　　　　A．逻辑运算　　　B．字符运算　　　C．加减运算　　　D．乘除运算

45．在编辑栏中输入="97-5-12"-"97-5-10"，将在活动单元格中得到（　　）。
　　　　A．41　　　　　B．97-5-10　　　C．0-5-10　　　D．2

46．如果选定了含有公式的单元格，则在编辑栏中显示（　　）。
　　　　A．公式　　　B．公式的结果　　C．公式和结果　　D．空白

47．如果在单元格中输入数据"12,345.67"，则 Excel 2016 将把它识别为（　　）数据。
　　　　A．文本型　　　B．数值型　　　C．日期时间型　　D．公式

48．在"页眉/页脚"选项卡中，如果用户想创建页脚，那么可以通过单击"（　　）"按钮来实现。
　　　　A．自定义页眉　　　　　　　　B．自定义页脚
　　　　C．自定义页眉和页脚　　　　　D．页眉和页脚

49．如果让单元格 A11 的值等于单元格 E5 的值加单元格 E6 的值，则在单元格 A11 中应输入公式（　　）。
　　　　A．=E5:E6　　　B．E5+E6　　　C．=E5+E6　　　D．E5:E6

50．在 Excel 2016 中对一个工作表进行排序，下列说法中，错误的是（　　）。
　　　　A．最多可以指定 3 个关键字　　　B．可以按指定的关键字排序
　　　　C．可以按指定的关键字递减排序　D．以上都不是

51．Excel 正常启动后，自动打开一个名为"工作簿1"的新工作簿，"工作簿1"是该工作簿的（　　）。
　　　　A．正式文件名　B．临时文件名　C．新的文件名　D．旧的文件名

52．可以激活 Excel 菜单栏的功能键是（　　）。
　　　　A．F10　　　　B．F1　　　　C．F9　　　　D．F2

53．在选定一个单元格后，可以在单元格或编辑栏中输入公式，在单元格和编辑栏中都显示公式的内容，输入公式后按 Enter 键或单击编辑栏中的"（　　）"按钮，公式的计算结果将显示在该单元格内。
　　　　A．√　　　　　B．=　　　　　C．×　　　　　D．%

54．在 Excel 2016 的工作簿中，不能插入工作表的操作是（　　）。
　　　　A．选择"插入"选项卡中的"工作表"选项

・50・

B．在工作表的标签上右击，并且选择"插入"选项
C．按 Alt+I 组合键，再输入 W
D．以上都不是

55．在 Excel 中，工作表的编辑栏包括（　　）。
A．名称框
B．名称框和编辑框
C．状态栏
D．编辑框

56．要改变数字格式，可以使用"设置单元格格式"对话框中的"（　　）"选项。
A．对齐　　　B．文本　　　C．数字　　　D．字体

57．某个单元格的数值为 1.356 E+08，它与（　　）相等。
A．1.35608　　B．1.3568　　C．6.35608　　D．135600000

58．如果单元格 D2 的值为 6，则函数"=IF(D2>8, D2/2, D2*2)"的结果为（　　）。
A．3　　　B．6　　　C．8　　　D．12

59．在 Excel 中，图表中的（　　）会随着工作表中数据的改变而发生相应的变化。
A．图表类型　　B．图例　　C．系列数据的值　　D．图表位置

60．在 Excel 2016 中，假设已输入的数据清单含有字段：学号、姓名和成绩，若希望只显示成绩不及格的学生信息，则可以使用（　　）功能。
A．分类统计　　B．统计　　C．筛选　　D．排序

61．"排序"对话框中的"主要关键字"有（　　）排序方式。
A．递增和递减　B．递增和不变　C．递减和不变　D．递增递减和不变

62．在 Excel 2016 中，改变数据区中的列宽时，应选择"（　　）"选项卡。
A．开始　　　B．插入　　　C．页面布局　　　D．视图

63．如果某单元格内显示若干"#"号（如########），则表示（　　）。
A．公式错误　B．数据错误　C．行高不够　D．列宽不够

64．Excel 2016 的筛选功能包括（　　）和高级筛选。
A．直接筛选　B．自动筛选　C．简单筛选　D．间接筛选

65．在 Excel 2016 的工作表中，为文字添加下画线的组合键是（　　）。
A．Ctrl+A　　B．Ctrl+B　　C．Ctrl+U　　D．Ctrl+I

66．若对工作表 Sheet1 进行复制，则复制后的工作表副本自动取名为（　　）。
A．Sheet1(2)　B．Sheet(2)　C．Sheet1(1)　D．Sheet(12)

67．函数 COUNT(A1:D3)的返回值是（　　）。其中，第 1、2 行的数据均为数值，第 3 行的数据均为文字。
A．8　　　B．12　　　C．3　　　D．4

68．要对某单元格中的数据加以说明，一般在该单元格中插入（　　），然后输入说明性文字。
A．脚注　　　B．尾注　　　C．题注　　　D．批注

69．在 Excel 2016 中，AVERAGE(C5:C7)表示（　　）。
A．求 C5、C6、C7 单元格中单元格的个数
B．求 C5、C6、C7 单元格中数值的总和
C．求 C5 和 C7 单元格中数值的平均值
D．求 C5、C6、C7 单元格中数值的平均值

70. 在 Excel 2016 中，对数据列表进行分类汇总时，若分类字段未排序，则必须先对作为分类依据的字段进行（   ）操作。

A．筛选　　　　　B．排序　　　　　C．统计　　　　　D．合并

二、判断题

1. 在 Excel 2016 中，单元格内数据的格式只包括数字格式。（   ）

2. 在 Excel 2016 中，函数的输入有两种方法：一种为粘贴函数法，另一种为输入法。（   ）

3. 在 Excel 2016 中，若用户在单元格中输入"(5)"，则表示数值 5。（   ）

4. 在 Excel 2016 中，若要删除工作表，则应首先选定工作表，然后选择"页面布局"选项卡中的"删除"选项。（   ）

5. 要在 Excel 2016 的工作表中插入列，可单击要插入新列的单元格，在"开始"选项卡的"单元格"组中，选择"插入"→"插入工作表列"选项。（   ）

6. 在 Excel 2016 的单元格中使用公式时，如果在公式中将一个数除以 0，则单元格内会显示"######"的出错结果。（   ）

7. 在 Excel 2016 中，用户可以根据需求对工作表重命名，方法是双击要重命名的工作表标签，工作表标签将突出显示，再输入新的工作表名称，按 Enter 键。（   ）

8. 在 Excel 2016 中，图表的大小和类型可以改变。（   ）

9. 在 Excel 2016 中，如果工作表的数据比较多，那么可以采用工作表窗口冻结的方法，使标题行或列不随滚动条移动。对于水平和垂直同时冻结的情况，先选择冻结点所在的单元格，再在"视图"选项卡的"窗口"组中，选择"冻结窗格"→"冻结拆分窗格"选项。（   ）

10. 在 Excel 2016 中，数据图表的本质是将单元格内的数据以各种统计图表的形式显示或打印，使数据更直观地呈现。当工作表中的数据发生变化时，图表中对应项的图形不会发生变化。（   ）

11. 在 Excel 2016 的数据列表中，对数据的排序只能按列进行，如果指定列的数据有相同的部分，那么可以使用多列（次关键字）排序，Excel 2016 允许对不超过 3 列的数据进行排序。（   ）

12. 在 Excel 2016 的数据列表中，分类汇总只适用于按一个字段的分类，且数据列表的每列数据必须有列标题，分类汇总前不必对分类字段进行排序。（   ）

13. 在 Excel 2016 中，可以将自己喜欢的图片设置为工作表的背景图片。（   ）

14. 在 Excel 2016 中，"混合引用"可以只固定行或固定列，没有被固定的部分，依然会依据相对地址调整引用。（   ）

15. 在 Excel 2016 中，如果用户只想打印工作表中的部分数据和图表，那么可以设置打印区域，即在"页面布局"选项卡中，选择"打印区域"→"设置打印区域"选项，工作表被保存后，以后再打开时，所设置的打印区域无效。（   ）

16. 在 Excel 2016 中，"删除"命令和"删除工作表"命令是等价的。（   ）

17. 在 Excel 2016 中，"删除工作表"命令与"删除单元格"命令的功能是相同的。（   ）

18．在 Excel 2016 的“排序”对话框中，只有有标题行和无标题行两种选择。（　　）

19．在 Excel 2016 中，按 Ctrl+S 组合键保存文件时会将原先的文件覆盖。（　　）

20．在 Excel 2016 的数据表中，选定某个有数据的单元格，单击“筛选”按钮后，首行单元格会出现一个下拉箭头，单击下拉箭头，只会出现“全部”和“前十个”两个复选框。（　　）

实训操作

任务 1　计算机专业考试成绩单

操作要求：

1．启动 Excel 2016，在 Sheet1 工作表中输入如图 4-1 所示的内容。

2．在 A4 单元格中输入学号内容“A-0001”，然后按顺序填充下面的单元格。

3．设置表头格式：选择 A1:E1 单元格区域，对其合并后居中，并设置单元格内的文字的字体格式为“垂直居中”“隶书”“26 磅”“红色”，并为单元格添加“深蓝色”底纹。

4．将 A2、B2、C2 单元格中的内容分别向右移动两个单元格，将 D2 单元格内的日期格式改为“2021 年 7 月 8 日”的类型，并设置单元格的“行高”为 25。

5．设置 C4:E11 单元格区域中的数据“右对齐”，并保留一位小数，其余单元格中的内容“居中对齐”。

6．将“高数”列与“Office 应用”列的位置对调。

7．为“Office 应用”列单元格添加批注“练习成绩”。

8．使用条件格式将 C4:E11 单元格区域中成绩大于 90 的单元格填充为绿色，成绩小于 60 的单元格填充为红色、文字设置为白色。

9．保存文件为“计算机专业考试成绩单”。

本题的最终效果如图 4-2 所示。

	A	B	C	D	E
1	计算机专业考试成绩单				
2	考试时间	2021/7/8	8:00		
3	学号	姓名	高数	Office应用	c语言
4		揭小财	78	85	78.2
5		刘小明	85.6	85	56.5
6		李细金	32	85	80
7		曾火平	98	85	78
8		吴留华	56	85	46.5
9		黄明富	78.5	85	89
10		谢克辉	58	85	85
11		陈云	75.5	85	86

图 4-1　计算机专业考试成绩单

	A	B	C	D	E
1	计算机专业考试成绩单				
2			考试时间	2021年7月8日	8:00
3	学号	姓名	Office应用	高数	c语言
4	A-0001	揭小财	85.0	78.0	78.2
5	A-0002	刘小明	85.0	85.6	56.5
6	A-0003	李细金	85.0	32.0	80.0
7	A-0004	曾火平	85.0	98.0	78.0
8	A-0005	吴留华	85.0	56.0	46.5
9	A-0006	黄明富	85.0	78.5	89.0
10	A-0007	谢克辉	85.0	58.0	85.0
11	A-0008	陈云	85.0	75.5	86.0

图 4-2　“计算机专业考试成绩单”工作表效果

任务 2　阳光水果店价格表

操作要求：

1．启动 Excel 2016，在 Sheet1 工作表中输入如图 4-3 所示的内容。

2．设置 Sheet1 工作表不显示网格。

3．将"编号""货物名称""规格""单价"单元格中文字的字体格式设置为"黑体""14磅""加粗""白色"，并将单元格填充为"蓝色"。

4．将"编号"列的单元格格式设置为"文本"。

5．为"编号"单元格添加批注，内容为"这一列为水果编号"。

6．在"单价"列的左边添加一列"进价"，并输入如图 4-4 所示的内容。

7．将 Sheet1 工作表以 A2 单元格为拆分点进行窗口拆分。

8．复制 Sheet1 工作表，并将复制的工作表重命名为"阳光水果店价格表"。

9．保存文件为"阳光水果店价格表"

本题的最终效果如图 4-4 所示。

	A	B	C	D
1	阳光水果店价格表			
2	编号	货物名称	规格	单价
3	103792	砀山梨	DB-2	4.45
4	103793	鸭梨	DB-1A	4.56
5	103794	莱阳梨	GB-2A	3.98
6	103796	红富士苹果	GB-3D0	4.65
7	103797	雪梨	GB-1D2	4.25
8	103798	芦柑	PB-3.0	3.9
9	103799	芒果	PB-2.2	3.65
10	103800	雪梨	DB-2A	2.5

图 4-3　阳光水果店价格表

	A	B	C	D	E
1	阳光水果店价格表				
2	编号	货物名称	规格	进价	单价
3	103792	砀山梨	DB-2	3.15	4.45
4	103793	鸭梨	DB-1A	3.15	4.56
5	103794	莱阳梨	GB-2A	3.05	3.98
6	103796	红富士苹果	GB-3D0	3.9	4.65
7	103797	雪梨	GB-1D2	3.7	4.25
8	103798	芦柑	PB-3.0	3	3.9
9	103799	芒果	PB-2.2	2.9	3.65
10	103800	雪梨	DB-2A	1.8	2.5

图 4-4　"阳光水果店价格表"工作表效果

任务 3　广告预算分配方案

操作要求：

1．启动 Excel 2016，在 Sheet1 工作表中输入如图 4-5 所示的内容。

	A	B	C	D	E	F	G	H	I	J	K	L	M
1						广告预算分配方案							
2	项目名称：				费用单位：				计划日期：				
3	内容	时间	第一季度			第二季度			第三季度			第四季度	
4			1	2	3	1	2	3	1	2	3	1	2	3
5	资讯、调研费												
6	创意设计												
7	制作费												
8	媒体发布												
9	促销售点												
10	公关新闻												
11	代理服务费												
12	管理费												
13	其他												
14	合计												

图 4-5　广告预算分配方案数据

2．设置 Sheet1 工作表中各单元格的格式，参照图 4-5。

3．设置页眉为"2019 年广告预算分配方案表"，并将文字居中对齐。

4．将"制作费"所在的行设置为"隐藏"。

5．为“费用单位：”单元格设置超链接。

6．为工作簿设置结构保护，密码为“301”。

7．设置第 1 行为顶端标题行。

8．将 Sheet1 工作表的行号与列标设置为“隐藏”。

9．保存文件为“广告预算分配方案表”。

本题的最终效果如图 4-6 所示。

A22

广告预算分配方案												
项目名称：				费用单位：				计划日期：				
时间 / 内容	第一季度			第二季度			第三季度			第四季度		
	1	2	3	1	2	3	1	2	3	1	2	3
资讯、调研费												
创意设计												
媒体发布												
促销售点												
公关新闻												
代理服务费												
管理费												
其他												
合计												

图 4-6 “广告预算分配方案”工作表效果

任务 4 职员通信录

操作要求：

1．启动 Excel 2016，在 Sheet1 工作表中输入如图 4-7 所示的内容。

	A	B	C	D	E	F
1	职员通信录					
2	编号	姓名	职务	年龄	联系方式	Email地址
3		杨林	科长	25	138****0123	yan****@163.com
4		李丽	科长	30	135****2110	li****@126.com
5		林明	科长	30	138****5122	lin****@sina.com
6		罗西易	科员	26	139****2111	l****@163.com
7		吴笑笑	主任	25	135****8711	w****@yahoo.com.cn
8		周学军	科员	30	138****3245	z****@126.com

图 4-7 职员数据

2．在“职员通信录”单元格上方添加一行，设置“行高”为 57。插入一幅剪贴画（自选），将其放置在新增行的左侧，并设置剪贴画的宽度为“2.59 厘米”，高度为“1.98 厘米”。

3．在 A4 单元格中输入“A-001”，然后用填充序列的方式自动填充该列的编号。

4．使用条件格式将 A4:F9 单元格区域中的偶数行单元格填充为“灰色”底纹。其他单元格的格式如图 4-8 所示。

5．将所有列的“列宽”设置为最适合的宽度，然后将“年龄”列隐藏。

6．设置每间隔 5 分钟保存自动恢复信息。

7．设置纸张方向为“横向”，纸张大小为“信纸”，上、下页边距为“2 厘米”，左、右页边距为“1.5 厘米”。

8．清除“Email 地址”列中各 Email 的超链接。

9．保存文件为“职员通信录”。

本题的最终效果如图 4-8 所示。

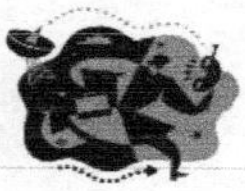

	A	B	C	E	F
1					
2			职员通信录		
3	编号	姓名	职务	联系方式	Email地址
4	A-001	杨林	科长	138****0123	yan****@163.com
5	A-002	李丽	科长	135****2110	li****@126.com
6	A-003	林明	科长	138****5122	lin****@sina.com
7	A-004	罗西易	科员	139****2111	l****@163.com
8	A-005	吴笑笑	主任	135****8711	w****@yahoo.com.cn
9	A-006	周学军	科员	138****3245	z****@126.com

图 4-8 “职员通信录”工作表效果

任务 5　饮料零售情况统计表

操作要求：

1．启动 Excel 2016，在 Sheet1 工作表中输入如图 4-9 所示的内容，并将此工作表重命名为“饮料零售情况统计表”。

	A	B	C	D	E
1	名称	包装单位	零售单价	销售量	销售额
2	可乐	听	3	120	
3	雪碧	听	2.8	98	
4	美年达	听	2.8	97	
5	健力宝	听	2.9	80	
6	红牛	听	6	56	
7	橙汁	听	2.6	140	
8	汽水	瓶	1.5	136	
9	啤酒	瓶	2	110	
10	酸奶	瓶	1.2	97	
11	矿泉水	瓶	2.3	88	

图 4-9　饮料零售数据

2．在“饮料零售情况统计表”工作表中，使用公式计算“销售额”（销售额=销售量×零售单价）。

3．在“销售额”的右边插入列，并将此列命名为“排名”。

4．使用 RANK()函数计算“排名”，并将结果放在相应的单元格中。

5．在最后一行数据下方插入“合计”行，并使用 SUM()函数计算“销售额”的“合计”，将结果放在 E13 单元格中。

6．选择 D3:D12 单元格区域，使用条件格式将“销售量”大于 100 的数据的字体格式设置为“红色”。

7．插入新工作表“零售情况统计表”，然后将“饮料零售情况统计表”工作表中的所有数据复制到此工作表中。

8．在“饮料零售情况统计表”工作表右侧的页脚中添加日期。

9．保存文件为“饮料零售情况统计表”。

本题的最终效果如图 4-10 所示。

	A	B	C	D	E	F
1	饮料零售情况统计表					
2	名称	包装单位	零售单价	销售量	销售额	排名
3	可乐	听	3	120	360	2
4	雪碧	听	2.8	98	274.4	4
5	美年达	听	2.8	97	271.6	5
6	健力宝	听	2.9	80	232	6
7	红牛	听	6	56	336	3
8	橙汁	听	2.6	140	364	1
9	汽水	瓶	1.5	136	204	8
10	啤酒	瓶	2	110	220	7
11	酸奶	瓶	1.2	97	116.4	10
12	矿泉水	瓶	2.3	88	202.4	9
13	合计				2580.8	

图 4-10　“饮料零售情况统计表”工作表效果

任务 6　商品销售统计表

操作要求：

1．启动 Excel 2016，在 Sheet1 工作表中输入如图 4-11 所示的内容。

	A	B	C	D	E
1	商场一季度商品销售统计表				
2	商品编号	商品名称	销售量	单价(元)	销售额（元）
3	1	电风扇	300	120	
4	2	彩电	1500	2000	
5	3	电冰箱	1500	1800	
6	4	微波炉	500	560	
7	5	手机	1200	1600	
8	6	电瓶车	3000	1800	
9	7	电脑	4000	3500	
10	8	油烟机	500	1500	
11	合计				

图 4-11　商品销售统计数据

2．使用公式计算“销售额（元）”（销售额=单价×销售量）。

3．在 Sheet1 中求“销售额（元）”的“合计”，并将结果放在 E11 单元格中。

4. 使用条件格式将 A3:E11 单元格区域中的奇数行数据的字体格式设置为“白色”“加粗”“双下画线”，并将单元格填充为“−50%灰色度”底纹，其他单元格的格式如图 4-12 所示。

	A	B	C	D	E
1	商场一季度商品销售统计表				
2	商品编号	商品名称	销售量	单价(元)	销售额（元）
3	1	电风扇	300	¥120.00	¥36,000.00
4	2	彩电	1500	¥2,000.00	¥3,000,000.00
5	3	电冰箱	1500	¥1,800.00	¥2,700,000.00
6	4	微波炉	500	¥560.00	¥280,000.00
7	5	手机	1200	¥1,600.00	¥1,920,000.00
8	6	电瓶车	3000	¥1,800.00	¥5,400,000.00
9	7	电脑	4000	¥3,500.00	¥14,000,000.00
10	8	油烟机	500	¥1,500.00	¥750,000.00
11	合计				¥28,086,000.00

图 4-12　“商品销售统计表”工作表效果

5．将除表头外的所有行的"行高"设置为 15，"列宽"设置为最适合的宽度。

6．将 A3:A10 单元格区域定义为"商品编号"。

7．在 Sheet1 工作表中设置起始页码为 3。

8．将 Sheet1 工作表重命名为"商场一季度商品销售统计表"。

9．保存文件为"商品销售统计表"。

本题的最终效果如图 4-12 所示。

任务 7　员工工资表

操作要求：

1．启动 Excel 2016，在 Sheet1 工作表中输入如图 4-13 所示的内容。

	A	B	C	D	E	F	G	H	I
1	员工工资表								
2	编号	姓名	基本工资	考勤津贴	应发合计	公积金	保险	扣款合计	实发合计
3	1001	李光明	930	1328.4			50		
4	1002	陈林立	540	1250			50		
5	1003	李平民	540	1240			50		
6	1004	方小林	930	1350			50		
7	1005	张国兵	450	1500			50		
8	1006	黄光雨	940	1230			50		
9	1007	林芳平	940	443			50		
10	1008	李海涛	540	320			50		

图 4-13　员工工资数据

2．使用 SUM() 函数计算"应发合计"（应发合计=基本工资+考勤津贴）。

3．计算"公积金"（公积金=应发合计×10%）。

4．计算"扣款合计"（扣款合计=公积金+保险）。

5．计算"实发合计"（实发合计=应发合计−扣款合计）。

6．将 C3:I10 单元格区域中的数据设置为数值类型并保留一位小数，其他单元格的格式如图 4-14 所示。

7．在 Sheet1 工作表中设置页眉为"员工工资表"，并且居中对齐。

8．将 Sheet1 工作表以 A3 单元格为冻结点冻结窗格。

9．保存文件为"员工工资表"。

本题的最终效果如图 4-14 所示。

	A	B	C	D	E	F	G	H	I
1	员工工资表								
2	编号	姓名	基本工资	考勤津贴	应发合计	公积金	保险	扣款合计	实发合计
3	1001	李光明	930.0	1328.4	2258.4	225.8	50.0	275.8	1982.6
4	1002	陈林立	540.0	1250.0	1790.0	179.0	50.0	229.0	1561.0
5	1003	李平民	540.0	1240.0	1780.0	178.0	50.0	228.0	1552.0
6	1004	方小林	930.0	1350.0	2280.0	228.0	50.0	278.0	2002.0
7	1005	张国兵	450.0	1500.0	1950.0	195.0	50.0	245.0	1705.0
8	1006	黄光雨	940.0	1230.0	2170.0	217.0	50.0	267.0	1903.0
9	1007	林芳平	940.0	443.0	1383.0	138.3	50.0	188.3	1194.7
10	1008	李海涛	540.0	320.0	860.0	86.0	50.0	136.0	724.0

图 4-14　"员工工资表"工作表效果

任务 8　空气监测情况表

操作要求：

1．启动 Excel 2016，在 Sheet1 工作表中输入如图 4-15 所示的内容。

	A	B	C	D	E
1	××市2019年8月至12月环境空气质量自动监测情况表				
2	序号	城市名称	实际监测天数	应监测天数	实际监测天数占应监测天数比率（%）
3	1	临云市	120	120	
4	2	清徐县	116	120	
5	3	阳曲县	120	120	
6	4	娄烦县	119	120	
7	5	古交市	115	120	
8	6	阳高县	112	120	
9	7	天镇县	111	120	
10	8	广灵县	112	120	
11	9	灵丘县	115	120	

图 4-15　空气监测情况数据

2．设置表头“城市名称”“实际监测天数”“应监测天数”“实际监测天数占应监测天数比率（%）”单元格内容分两行显示。例如，“城市名称”显示为“城市
名称”，然后将所有列的“列宽”设置为最适合的宽度。

3．使用公式计算“实际监测天数占应监测天数比率（%）”（实际监测天数占应监测天数比率=实际监测天数÷应监测天数），并将这列数据的格式设置为百分比。

4．将第 3～11 行的“行高”设置为 15，其他单元格的格式如图 4-16 所示。

	A	B	C	D	E
1	××市2019年8月至12月环境空气质量自动监测情况表				
2	序号	城市 名称	实际监测 天数	应监测 天数	实际监测天数占应 监测天数比率（%）
3	1	临云市	120	120	100.0%
4	2	清徐县	116	120	96.7%
5	3	阳曲县	120	120	100.0%
6	4	娄烦县	119	120	99.2%
7	5	古交市	115	120	95.8%
8	9	阳高县	112	120	93.3%
9	10	天镇县	111	120	92.5%
10	11	广灵县	112	120	93.3%
11	12	灵丘县	115	120	95.8%

图 4-16　“空气质量自动监测情况表”工作表效果

5．在教学资源库文件夹中，找到“08.jpg”图片，将其作为 Sheet1 工作表的背景。

6．将 Sheet1 工作表复制到 Sheet2 工作表中，并将 Sheet2 工作表重命名为“××市 2019 年 8 至 12 月环境空气质量自动监测情况表”。

7．将 Sheet2 工作表的标签颜色改为“绿色”。

8．在 Sheet1 工作表中设置第 1、2 行为顶端标题行。

9．保存文件为“空气质量自动监测情况表”。

本题的最终效果如图 4-16 所示。

任务9　汽车销售统计表

操作要求：

1. 启动 Excel 2016，在 Sheet1 工作表中输入如图 4-17 所示的内容。

	A	B	C	D
1	北京车市汽车销售统计表			
2	品牌	销售量(台)	平均售价(万元/台)	交易额(万元)
3	品牌A	256	22.58	
4	品牌B	93	13.58	
5	品牌C	371	12.08	
6	品牌D	414	11.8	
7	品牌E	317	11.38	
8	品牌F	431	9.18	
9	品牌G	562	8.85	
10	品牌H	171	8.58	
11	品牌I	297	7.18	
12	品牌J	245	4.18	

图 4-17　汽车销售数据

2. 设置"销售量（台）""平均售价（万元/台）""交易额（万元）"列的"列宽"为最适合的宽度，其他单元格的格式如图 4-18 所示。

	A	B	C	D
1	北京车市汽车销售统计表			
2	品牌	销售量(台)	平均售价(万元/台)	交易额(万元)
3	品牌A	256	22.58	5780.48
4	品牌B	93	13.58	1262.94
5	品牌C	371	12.08	4481.68
6	品牌D	414	11.8	4885.2
7	品牌E	317	11.38	3607.46
8	品牌G	562	8.85	4973.7
9	品牌H	171	8.58	1467.18
10	品牌I	297	7.18	2132.46
11	品牌J	245	4.18	1024.1
12				5780.48

图 4-18　"汽车销售统计图表"工作表效果

3. 使用公式计算"交易额（万元）"（交易额=销售量×平均售价），并将结果放在相应的单元格中。

4. 删除"品牌 F"行中的数据。

5. 使用 MAX() 函数计算"最高销售额（万元）"，并将结果放在 D12 单元格中。

6. 选择"品牌"和"交易额（万元）"两列数据，制作"二维饼图"图表，设置图表的标题为"交易额（万元）"，将数据显示在数据标签外，效果如图 4-19 所示。

7. 在 Sheet1 工作表中设置 A1:D12 单元格区域为打印区域。

8. 在 Sheet1 工作表中设置缩放比例为 80%。

9. 保存文件为"汽车销售统计图表"。

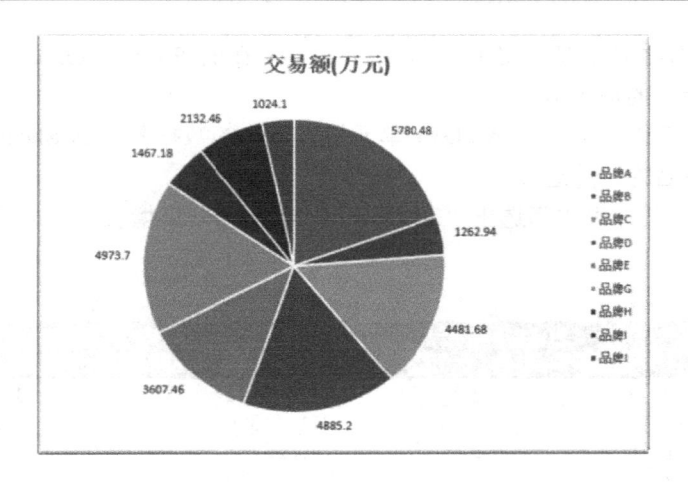

图 4-19 "交易额"图表

任务 10　某省生产总值增长表

操作要求：

1．启动 Excel 2016，在 Sheet1 工作表中输入如图 4-20 所示的内容。

图 4-20　某省生产总值数据

2．为 Sheet1 工作表套用表格格式"表样式浅色 9"，效果如图 4-21 所示。

图 4-21　套用表格格式

3．使用公式计算"2019 年生产总值（亿元）"，并将结果放在相应的单元格中。例如，计算"地区 1"的"2019 年生产总值（亿元）"，则在 B3 单元格中输入"=B3*(1+D3/100)"。

4．在"2018年生产总值（亿元）"列中最大值所在的单元格内插入批注，内容为"2018年生产总值（亿元）的最大值"。

5．在Sheet1工作表中，将A2:D13单元格区域中的数据复制到Sheet2工作表中，并将Sheet2工作表重命名为"筛选"。

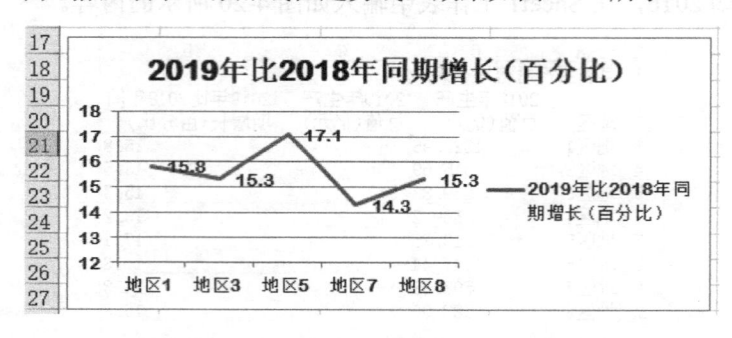

6．在"筛选"工作表中筛选出"2019年比2018年同期增长（百分比）"前五的地区，如图4-22所示。

	A	B	C	D
1	地区	2018年生产总值（亿元）	2019年生产总值（亿元）	2019年比2018年同期增长（百分比）
2	地区1	1325.95	1535.4501	15.8
4	地区3	269.83	311.11399	15.3
6	地区5	119.75	140.22725	17.1
8	地区7	503.38	575.36334	14.3
9	地区8	583.06	672.26818	15.3

图4-22　筛选数据

7．在Sheet1工作表中选择"地区"和"2019年比2018年同期增长（百分比）"两列数据制作"折线图"图表，设置图表标题为"2019年比2018年同期增长（百分比）"，并将图表嵌入A17:D27单元格区域中，添加线性趋势线，效果如图4-23所示。

图4-23　2019年比2018年同期增长折线图

8．在Sheet1工作表中设置打印网格线。

9．保存文件为"生产总值增长图表"。

任务11　城市消费水平抽样调查表

操作要求：

1．启动Excel 2016，在Sheet1工作表中输入如图4-24所示的内容，并将此工作表重命名为"城市消费水平抽样调查表"。

2．为B4:F10单元格区域中的数据设置数据验证（0~100的整数）。

3．为"城市消费水平抽样调查表"设置一张背景图片（图片自选）。

4．为"城市"单元格添加批注，内容为"本列显示城市名称"。

5．设置工作簿默认的保存位置为"D:\"。

	A	B	C	D	E	F
1		城市消费水平抽样调查表				
2		（以北京地区评价指数为100）				
2	城市	食品	服装	日用品	耐用品	其他支出
3	石家庄	83	93	89	90	80
4	宁波	83	93	89	90	85
5	太原	84	92	89	87	97
6	海宁	84	93	91	90	97
7	福州	85	93	91	90	89
8	淮安	85	97	94	94	85
9	南宁	90	98	91	93	90
10	广州	90	97	92	87	99

图 4-24　城市消费水平抽样调查数据

6. 按"耐用品"降序排序，如图 4-25 所示。

	A	B	C	D	E	F
1		城市消费水平抽样调查表				
2		（以北京地区评价指数为100）				
3	城市	食品	服装	日用品	耐用品	其他支出
4	南宁	90	98	91	94	90
5	淮安	85	97	94	93	85
6	宁波	83	93	89	90	85
7	太原	84	92	89	90	97
8	海宁	84	93	91	90	97
9	福州	85	93	91	90	89
10	石家庄	83	93	89	87	80

图 4-25　按"耐用品"降序排序

7. 设置工作簿的保护密码为"11-1"。
8. 在"南宁"这一行的下面插入一个分页符。
9. 保存文件为"城市消费水平抽样调查表"。

任务 12　公司销售员业绩表

操作要求：

1. 启动 Excel 2016，在 Sheet1 工作表中输入如图 4-26 所示的内容，并将此工作表重命名为"公司销售员业绩表"。

	A	B	C	D	E	F
1	公司销售员业绩表					
2	销售员编号	一月	二月	三月	四月	五月
3	A-001	234651	1450600	356000	5467500	7508751
4	A-002	134540	6540700	786330	2459000	9920570
5	A-003	753000	6540700	578500	789500	2565300
6	A-004	356380	2565300	535600	365000	3565700
7	A-005	765430	578500	234500	467000	2435042
8	A-006	356400	535600	457567	234500	6540700
9						
10	销售员人数		备注			
11	最高销售额					
12	最低销售额					

图 4-26　公司销售员业绩数据

2．使用 COUNTA()函数计算"销售员人数"，并将结果放在 B10 单元格中。

3．使用 MAX()函数计算"最高销售额"，并将结果放在 B11 单元格中。

4．使用 MIN()函数计算"最低销售额"，并将结果放在 B12 单元格中。

5．将"公司销售员业绩表"工作表以 B3 单元格为冻结点冻结窗格。

6．在"公司销售员业绩表"工作表中，插入"饼图"图表，显示各销售员"五月"的销售情况，并将百分比数值显示在数据标签内。将图表的填充效果设置为"雨后初晴""斜上"类型，将图表的标题设置为"销售员业绩图"，如图 4-27 所示。

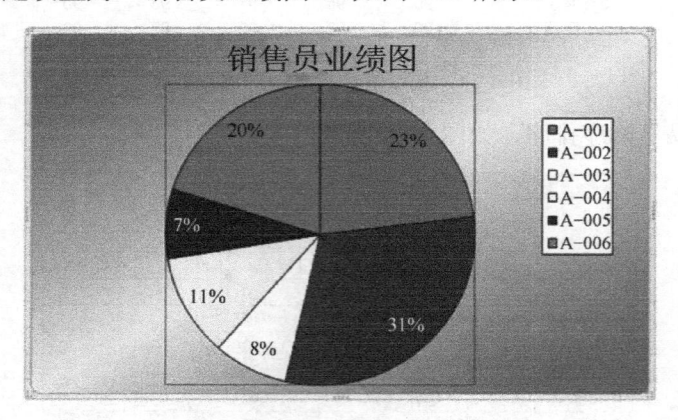

图 4-27 销售员业绩图

7．为"公司销售员业绩表"工作表应用"保护工作表及锁定的单元格内容"功能，设置密码为"12-2"。

任务 13 一季度考勤表

操作要求：

1．启动 Excel 2016，在 Sheet1 工作表中输入如图 4-28 所示的内容，并将此工作表重命名为"一季度考勤表"。

	A	B	C	D	E	F	G	H
1	员工编号	姓名	部门	职务	一月加班天数	二月加班天数	三月加班天数	一季度加班总天数
2	001	王春晓			3	0	5	
3	002	陈松			5	0	1	
4	003	姚玲			0	1	3	
5	004	张雨涵			0	0	4	
6	005	钱民			3	0	5	
7	006	王力			0	0	1	
8	007	高晓东			0	0	3	
9	009	黄莉莉			6	0	1	

图 4-28 一季度考勤数据

2．为 C2:C9 单元格区域内的数据设置数据验证，数据验证的允许条件为"序列"，"序列"的来源为"办公室,销售部,开发部"，并将工作表中的数据填写完整，如图 4-29 所示。

3．使用 SUM()函数统计"一季度加班总天数"，并将结果放在相应的单元格中。

4．将"职务"列隐藏。

	A	B	C	D	E	F	G	H
1	员工编号	姓名	部门	职务	一月加班天数	二月加班天数	三月加班天数	一季度加班总天数
2	001	王春晓	办公室	总经理	3	0	5	
3	002	陈松	销售部	经理	5	0	1	
4	003	姚玲	办公室	文员	0	1	3	
5	004	张雨涵	开发部	工程师	0	0	4	
6	005	钱民	销售部	销售员	3	0	5	
7	006	王力	办公室	文员	0	0	1	
8	007	高晓东	销售部	销售员	0	0	3	
9	009	黄莉莉	开发部	经理	6	0	1	

图 4-29　填写相关数据

5．在 B4 单元格中插入批注，内容为"一季度加班天数较少"。

6．将"一季度考勤表"工作表中的数据复制到 Sheet3 工作表中，并将 Sheet3 工作表重命名为"分类汇总"。

7．在"分类汇总"工作表中，计算各部门的"一季度加班总天数"，如图 4-30 所示。

	A	B	C	E	F	G	H
1	员工编号	姓名	部门	一月加班天数	二月加班天数	三月加班天数	一季度加班总天数
2	001	王春晓	办公室	3	0	5	8
3	003	姚玲	办公室	0	1	3	4
4	006	王力	办公室	0	0	1	1
5			办公室 汇总				13
6	004	张雨涵	开发部	0	0	4	4
7	009	黄莉莉	开发部	6	0	1	7
8			开发部 汇总				11
9	002	陈松	销售部	5	0	1	6
10	005	钱民	销售部	3	0	5	8
11	007	高晓东	销售部	0	0	3	3
12			销售部 汇总				17
13			总计				41

图 4-30　计算各部门的"一季度加班总天数"

8．设置保护工作簿及共享工作簿。

10．保存文件为"一季度考勤表"。

任务 14　学生成绩表

操作要求：

1．启动 Excel 2016，在 Sheet1 工作表中输入如图 4-31 所示的内容，并将此工作表重命名为"学生成绩表"。

	A	B	C	D	E	F
1	学号	姓名	性别	计算机基础	大学英语	C语言
2	04302101	邓章平	女	70	73	65
3	04302103	陈登卿	男	46	79	71
4	04302105	赖振华	女	缺考	98	88
5	04302104	宋海平	女	75	95	缺考
6	04302102	陈水生	女	60	66	42
7	04302106	谢克勤	女	93	缺考	69
8	04302107	赖卫华	女	96	31	缺考

图 4-31　学生成绩数据

2. 定义 A2:A8 单元格区域的名称为"学号"。

3. 在"C 语言"右边添加"总分"列，使用 SUM()函数计算"总分"，将结果放在相应的单元格中，并保留一位小数。

4. 使用条件格式将 D2:F8 单元格区域中所有显示"缺考"的单元格填充为"浅灰色"底纹，其他单元格的格式如图 4-32 所示。

	A	B	C	D	E	F	G
1	学号	姓名	性别	计算机基础	大学英语	C语言	总分
2	04302101	章平	女	70	73	65	208.0
3	04302102	陈水生	女	60	66	42	168.0
4	04302103	陈登卿	男	46	79	71	196.0
5	04302104	宋海平	女	75	95	缺考	170.0
6	04302105	赖振华	女	缺考	98	88	186.0
7	04302106	谢克勤	女	93	缺考	69	162.0
8	04302107	赖卫华	女	96	31	缺考	127.0

图 4-32　设置单元格格式

5. 将"学生成绩表"工作表中的数据复制到 Sheet2 工作表中，并将 Sheet2 工作表重命名为"排序"，然后在此工作表中按"总分"降序排序。

6. 在"学生成绩表"工作表中，设置所有单元格中的内容水平居中、垂直居中。

7. 设置最近使用的文件列表为"6"项。

8. 在"学生成绩表"工作表中设置水平滚动条和垂直滚动条隐藏。

9. 保存文件为"学生成绩表"。

任务 15　2013—2019 年某市广告业发展情况分析表

操作要求：

1. 启动 Excel 2016，在 Sheet1 工作表中输入如图 4-33 所示的内容，将此工作表重命名为"2013—2019 年某市广告业发展情况统计分析表"，并将 Sheet1 工作表标签的颜色改为"红色"。

	A	B	C	D	E	F
1	2013-2019年某市广告业发展情况统计分析表					
2	年　份	广告经营单位户数	广告经营额（万元）	从业人员	户均经营额（万元）	人均经营额（万元）
3	2013年	2656	1300634	35975	489.69654	36.153829
4	2014年	2918	1455600	38724	498.83482	37.589092
5	2015年	4151	1606269	48299	386.95953	33.256776
6	2016年	6628	2939750	64985	443.535	45.237362
7	2017年	10221	2793399	69695	273.29997	40.080336
8	2018年	15124	2656091	77800	175.62093	34.139987
9	2019年	26480	2989505	82041	112.89671	36.439158
10	2019年较上年度增（减）幅度					

图 4-33　2013—2019 年某市广告业发展情况统计数据

2. 将"2014 年"这行数据隐藏。

3. 将"广告经营额（万元）""户均经营额（万元）"和"人均经营额（万元）"三列数据

设置为"货币"类型,并添加千分位分隔符,将所有列的"列宽"设置为最适合的宽度。

4．使用公式计算"2019年较上年度增(减)幅度",并将结果放在相应的单元格中。例如,在B10单元格中输入公式"=(B9−B8)/B8"。

5．将"2013—2019年某市广告业发展情况统计分析表"工作表中的数据复制到Sheet2工作表中,并将该工作表重命名为"排序",在"排序"工作表中按"户均经营额(万元)"降序排序。

6．在"2013—2019年某市广告业发展情况统计分析表"工作表中,选择"年份""户均经营额(万元)"和"人均经营额(万元)"三列的数据,创建"带数据标记的折线图"图表,设置图表的标题为"2013—2019年某市广告业发展情况统计分析图",横坐标为"年份",纵坐标为"数据",并将此图表嵌入A13:G26单元格区域中,如图4-34所示。

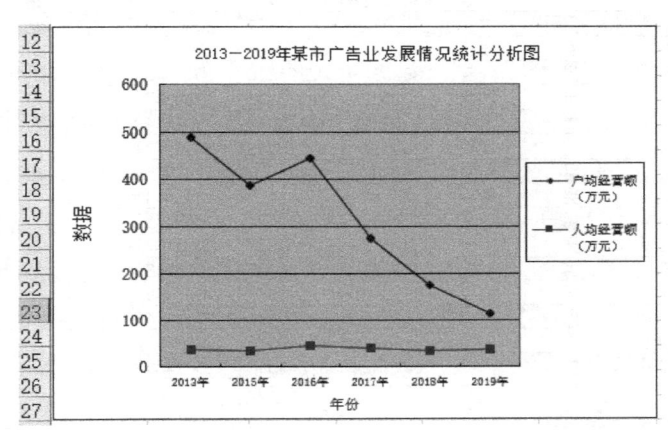

图4-34　2013—2019年某市广告业发展情况统计分析图

7．在"2013—2019年某市广告业发展情况统计分析表"工作表中,设置第1行为顶端标题行。

8．保存文件为"某市广告业发展情况统计分析图表"。

任务22　班级基本信息情况表

操作要求:

1．启动Excel 2016,在工作表中输入表格标题和表头内容,将表格标题合并后居中,保存文件为"班级基本信息情况表"。

2．将"学生编号""身份证号"和"联系电话"所在列的数字格式设置为"文本"类型。

3．使用自动填充功能输入"学生编号"序列。

4．设置"性别"所在列(C列)的数据验证为"男,女"的序列类型,将工作表以C3单元格进行冻结窗格。

5．设置"身份证号"所在列的文本长度等于18。

6．设置第1行("职员基本情况表"所在行)的行高为"25"。

7．将"学生编号"列设置为"最适合的列宽"。

8．设置A2:H2单元格区域内文字的字体格式为"宋体""加粗""16磅""白色",并将单元格填充为灰色。

  9．设置 A2:H22 单元格区域内文字的对齐方式为"水平对齐：居中""垂直对齐：居中"，并设置外边框为双实线，内部框线为单实线。

  10．使用条件格式设置 A2:H22 单元格区域中的偶数行的填充颜色为浅灰色，效果如图 4-35 所示。

  11．将 Sheet1 工作表标签的名称改为"班级基本信息情况表"。

\multicolumn{8}{c	}{班级基本信息情况表}
学生编号	姓名	性别	学历	身份证号	入学时间	是否团员	联系电话
A-001	廖阳	女	本科	360103****02241245	2005年5月	是	138****0235
A-002	刘杨淦	男	研究生	360205****05251542	2007年4月	否	135****2147
A-003	余笑天	女	大专	362523****01201452	2010年6月	是	138****3320
A-004	万闳天	男	本科	362532****06241321	2009年9月	是	139****2230
A-005	曹勇	女	本科	362532****03030721	2007年7月	是	135****8117
A-006	曹雍	男	大专	362532****02221310	2012年8月	是	138****9918
A-007	刘红青	男	本科	362532****12125731	1998年7月	是	137****0012
A-008	刘超	男	大专	362532****12110642	2001年4月	是	139****6559
A-009	黄淼	男	本科	362532****12110833	2010年2月	是	139****5138
A-010	杨欢	男	中专	362532****11124556	1997年5月	是	138****2371
A-011	王高伟	男	中专	362532****05031129	1995年4月	否	130****5995
A-012	章勇	男	中专	362532****05252130	2015年1月	是	133****2564
A-013	余家兵	男	中专	362532****08300677	2013年7月	是	138****3512
A-014	张瑞亮	男	中专	352532****04205799	1998年5月	是	130****1878
A-015	胡金义	男	中专	362532****12021675	2007年5月	否	136****4833
A-016	刘书捷	男	中专	362532****09200494	2001年4月	是	138****5215
A-017	钟根	男	中专	362532****10070676	2010年2月	是	138****2778
A-018	赖宏伟	男	高中	362532****07244568	2001年5月	是	137****0423
A-019	叶琳	男	中专	362532****07040795	2002年5月	是	133****5215
A-020	邹笑	男	中专	362532****09281368	1997年4月	否	139****6612

图 4-35 "班级基本信息情况表"工作表效果

任务 16　某县大学升学和分配情况表

操作要求：

  1．启动 Excel 2016，在 Sheet1 工作表中输入如图 4-36 所示的内容，并将此工作表重命名为"某县大学升学和分配情况表"。

	A	B	C	D
1	时间	考取人数	分配回县人数	考取/分配回县比率
2	2013年	300	245	
3	2014年	500	239	
4	2015年	586	320	
5	2016年	642	248	
6	2017年	568	220	
7	2018年	450	150	
8	2019年	465	250	

图 4-36 某县大学升学和分配数据

  2．删除"2013 年"这行的数据。

  3．选定 A1:D7 单元格区域，套用表格格式"表样式中等深浅色 2"。

  4．求出"考取/分配回县比率"（保留两位小数），其计算公式为"考取/分配回县比率=分配回县人数÷考取人数"，如图 4-37 所示。

	A	B	C	D
1	时间	考取人数	分配回县人数	考取/分配回县比率
2	2005年	500	239	0.48
3	2006年	586	320	0.55
4	2007年	642	248	0.39
5	2008年	568	220	0.39
6	2009年	450	150	0.33
7	2010年	465	250	0.54

图 4-37　计算考取/分配回县比率

5．将"某县大学升学和分配情况表"工作表中的网格隐藏。

6．将"某县大学升学和分配情况表"工作表中的数据复制到 Sheet2 工作表中。

7．在"某县大学升学和分配情况表"工作表中筛选出"考取/分配回县比率"大于 0.5 的数据，如图 4-38 所示。

	A	B	C	D
1	时间	考取人数	分配回县人数	考取/分配回县比率
3	2015年	586	320	0.55
7	2019年	465	250	0.54

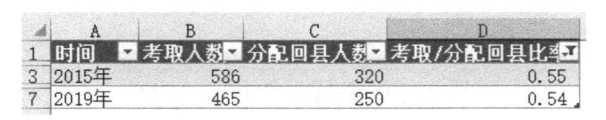

图 4-38　筛选数据

8．为"某县大学升学和分配情况表"工作表设置保护密码"16-1"。

9．保存文件为"某县大学升学和分配情况表"。

任务 17　IT 公司营收情况表

操作要求：

1．启动 Excel 2016，在 Sheet1 工作表中输入如图 4-39 所示的内容，保存文件为"IT 公司营收情况表"，将 A1:G1 单元格区域合并后居中。

	A	B	C	D	E	F	G
1	世界知名IT公司2019年营收情况（百万美元）						
2	公司	所属国家	营收	增长率	利润	预计利润	预计营收
3	公司A	美国	13,828	0.37	7,414	7881.96	18944.36
4	公司B	日本	10185	0.35	5092	5805.45	13749.75
5	公司C	美国	9,173	0.27	4,031	5228.61	11649.71
6	公司D	韩国	8,344	0.73	4,122	4756.08	14435.12
7	公司E	美国	8,000	0.44	4,000	4560	11520
8	公司F	日本	5,511	0.42	2,670.00	3,141.27	7,825.62
9	公司G	日本	5,154	0.37	2,480.00	2,937.78	7,060.98
10	公司H	荷兰	4,040	0.38	2,020	2302.8	5575.2
11	公司I	中国	1,532	0.89	711	873.24	2895.48
12	公司J	中国	846	0.85	423	482.22	1565.1
13	平均值:						
14	世界平均利润率:						

图 4-39　工厂公司营收数据

2．在 Sheet1 工作表中使用 AVERAGE()函数计算"营收"和"增长率"的平均值，并将结果放在相应的单元格中。

3．为 B3:B12 单元格区域中的数据设置数据验证，数据验证的允许条件为"序列"，"序列"的来源为"美国,日本,韩国,荷兰,中国"。

4．在 Sheet1 工作表的"公司 C"单元格中插入批注，批注内容为"世界著名品牌"。

5．在 Sheet1 工作表中，将"利润""预计利润""预计营收"三列的"列宽"设置为最适合的宽度。

6. 将 Sheet1 工作表中的数据复制到 Sheet2 工作表中，并将该工作表重命名为"筛选"，然后在"筛选"工作表中筛选出"所属国家"为"美国"的数据，如图 4-40 所示。

	A	B	C	D	E	F	G
1	世界知名IT公司2019年营收情况(百万美元)						
2	公司	所属国家	营收	增长	利润	预计利润	预计营收
3	公司A	美国	13,828	0.37	7,414	7881.96	18944.36
5	公司C	美国	9,173	0.27	4,031	5228.61	11649.71
7	公司E	美国	8,000	0.44	4,000	4560	11520

图 4-40　筛选出的美国公司的数据

7. 在 Sheet1 工作表中选择"公司"和"营收"两列数据创建"柱形圆锥图"图表，设置图表的标题为"IT 公司 2019 年营收示意图"，效果如图 4-41 所示，并将该图表嵌入 A16:G29 单元格区域中。

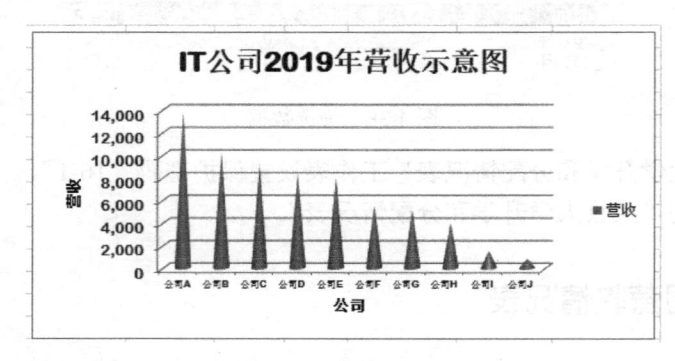

图 4-41　柱形圆锥图

8. 在 Sheet1 工作表中设置打印行号和列标。
9. 保存文件为"IT 公司营收情况图表"。

任务 18　奖学金统计表

操作要求：

1. 启动 Excel 2016，在 Sheet1 工作表中输入如图 4-42 所示的内容。保存文件为"奖学金统计表"。

	A	B	C	D	E	F	G	H	I
1	班级	姓名	性别	地区	计算机	政治	英语	总分	奖学金
2	2班	张华	男	上海	78	86	77		
3	3班	李伟	男	江苏	89	79	81		
4	1班	王建平	男	江苏	69	91	95		
5	3班	赵小英	女	浙江	83	78	85		
6	1班	林玲	女	浙江	95	87	78		
7	2班	顾凌强	男	江苏	85	75	89		
8	2班	黄梅英	女	上海	88	79	91		
9	1班	宋毅刚	男	浙江	93	84	87		
10	3班	徐丽珍	女	上海	76	73	74		
11	1班	张秀英	女	浙江	70	84	73		

图 4-42　奖学金统计数据

2．使用 SUM()函数计算"总分"，并将结果放在相应的单元格中。

3．使用 IF()函数计算"奖学金"（总分高于 250 的学生，获得奖学金 200 元；总分为 240～250 的学生，获得奖学金 100 元；总分低于 240 的学生，奖学金为 0 元），效果如图 4-43 所示。

4．复制 Sheet1 工作表中的数据到 Sheet2 工作表和 Sheet3 工作表中，将 Sheet2 工作表和 Sheet3 工作表分别重命名为"分类汇总"和"筛选"。

	A	B	C	D	E	F	G	H	I
1	班级	姓名	性别	地区	计算机	政治	英语	总分	奖学金
2	2班	张华	男	上海	78	86	77	241	100
3	3班	李伟	男	江苏	89	79	81	249	100
4	1班	王建平	男	江苏	69	91	95	255	200
5	3班	赵小英	女	浙江	83	78	85	246	100
6	1班	林玲	女	浙江	95	87	78	260	200
7	2班	顾凌强	男	江苏	85	75	89	249	100
8	2班	黄梅英	女	上海	88	79	91	258	200
9	1班	宋毅刚	男	浙江	93	84	87	264	200
10	3班	徐丽珍	女	上海	76	73	74	223	0
11	1班	张秀英	女	浙江	70	84	73	227	0

图 4-43　计算奖学金

5．在"分类汇总"工作表中制作以"班级"为分类字段，"奖学金"为汇总项，汇总方式为"求和"的分类汇总表，如图 4-44 所示。

	A	B	C	D	E	F	G	H	I
1	班级	姓名	性别	地区	计算机	政治	英语	总分	奖学金
2	1班	王建平	男	江苏	69	91	95	255	200
3	1班	林玲	女	浙江	95	87	78	260	200
4	1班	宋毅刚	男	浙江	93	84	87	264	200
5	1班	张秀英	女	浙江	70	84	73	227	0
6	1班 汇总								600
7	2班	张华	男	上海	78	86	77	241	100
8	2班	顾凌强	男	江苏	85	75	89	249	100
9	2班	黄梅英	女	上海	88	79	91	258	200
10	2班 汇总								400
11	3班	李伟	男	江苏	89	79	81	249	100
12	3班	赵小英	女	浙江	83	78	85	246	100
13	3班	徐丽珍	女	上海	76	73	74	223	0
14	3班 汇总								200
15	总计								1200

图 4-44　分类汇总

6．在"筛选"工作表中筛选出总分高于 240 的数据，如图 4-45 所示。

	A	B	C	D	E	F	G	H	I
1	班级	姓名	性别	地区	计算机	政治	英语	总分	奖学金
2	2班	张华	男	上海	78	86	77	241	100
3	3班	李伟	男	江苏	89	79	81	249	100
4	1班	王建平	男	江苏	69	91	95	255	200
5	3班	赵小英	女	浙江	83	78	85	246	100
6	1班	林玲	女	浙江	95	87	78	260	200
7	2班	顾凌强	男	江苏	85	75	89	249	100
8	2班	黄梅英	女	上海	88	79	91	258	200
9	1班	宋毅刚	男	浙江	93	84	87	264	200

图 4-45　筛选数据

7．在 Sheet1 工作表中设置打印时显示网格，打印顺序为先行后列。

8．设置共享工作簿，允许多用户同时编辑，允许工作簿合并。

任务 19　超市洗衣机销售统计表

操作要求：

1．启动 Excel 2016，在 Sheet1 工作表中输入如图 4-46 所示的内容，并将此工作表重命名为"超市 2 季度洗衣机销售统计表"。

	A	B	C	D	E	F	G	H
1	超市2季度洗衣机销售统计表							
2	品牌	单价	四月	五月	六月	销售小计	平均销量	销售额
3	海尔	2600.00	65	45	83			
4	西门子	2300.00	43	26	43			
5	威力	2050.00	15	35	33			
6	三洋	1800.00	57	52	65			
7	爱妻	1640.00	46	43	56			
8	荣事达	1450.00	46	35	34			
9	小天鹅	1400.00	54	43	43			

图 4-46　超市 2 季度洗衣机销售数据

2．将"超市 2 季度洗衣机销售统计表"工作表中的 A1:H1 单元格区域合并后居中，设置"四月""五月""六月"三列的"列宽"为"5"，设置"单价""销售额"两列的数据格式为"货币"。

3．使用公式计算"销售小计"（销售小计=四月+五月+六月），并将结果放在相应的单元格中。

4．使用 AVERAGE() 函数计算"平均销量"，并将结果放在相应的单元格中。

5．使用公式计算"销售额"（销售额=销售小计×单价），并将结果放在相应的单元格中，如图 4-47 所示。

	A	B	C	D	E	F	G	H
1	超市2季度洗衣机销售统计表							
2	品牌	单价	四月	五月	六月	销售小计	平均销量	销售额
3	海尔	¥2,600.00	65	45	83	193	64	¥501,800.00
4	小天鹅	¥1,400.00	54	43	43	140	47	¥196,000.00
5	三洋	¥1,800.00	57	52	65	174	58	¥313,200.00
6	荣事达	¥1,450.00	46	35	34	115	38	¥166,750.00
7	威力	¥2,050.00	15	35	33	83	28	¥170,150.00
8	爱妻	¥1,640.00	46	43	56	145	48	¥237,800.00
9	西门子	¥2,300.00	43	26	43	112	37	¥257,600.00

图 4-47　计算销售额

6．将"超市 2 季度洗衣机销售统计表"中的数据复制到 Sheet2 工作表和 Sheet3 工作表中。

7．将 Sheet2 工作表重命名为"筛选"，并在此工作表中筛选出"销售额"前三的数据，如图 4-48 所示。

8．将 Sheet3 工作表重命名为"排序"，并在此工作表中按"单价"升序排序，如图 4-49 所示。

	A	B	C	D	E	F	G	H
1	超市2季度洗衣机销售统计表							
2	品牌	单价	四	五	六	销售小计	平均销量	销售额
3	海尔	¥2,600.00	65	45	83	193	64	¥501,800.00
5	三洋	¥1,800.00	57	52	65	174	58	¥313,200.00
9	西门子	¥2,300.00	43	26	43	112	37	¥257,600.00

图 4-48　筛选销售额前三数据

	A	B	C	D	E	F	G	H
1	超市2季度洗衣机销售统计表							
2	品牌	单价	四月	五月	六月	销售小计	平均销量	销售额
3	小天鹅	¥1,400.00	54	43	43	140	47	¥196,000.00
4	荣事达	¥1,450.00	46	35	34	115	38	¥166,750.00
5	爱妻	¥1,640.00	46	43	56	145	48	¥237,800.00
6	三洋	¥1,800.00	57	52	65	174	58	¥313,200.00
7	威力	¥2,050.00	15	35	33	83	28	¥170,150.00
8	西门子	¥2,300.00	43	26	43	112	37	¥257,600.00
9	海尔	¥2,600.00	65	45	83	193	64	¥501,800.00

图 4-49　排序

9．在"超市2季度洗衣机销售统计表"工作表中，选定"品牌"和"销售额"两列数据，创建"簇状圆柱图"图表，设置图表的标题为"销售统计柱形图"，横坐标和纵坐标的标题如图 4-50 所示，新建工作表 Chart1，将图表放在 Chart1 工作表中。

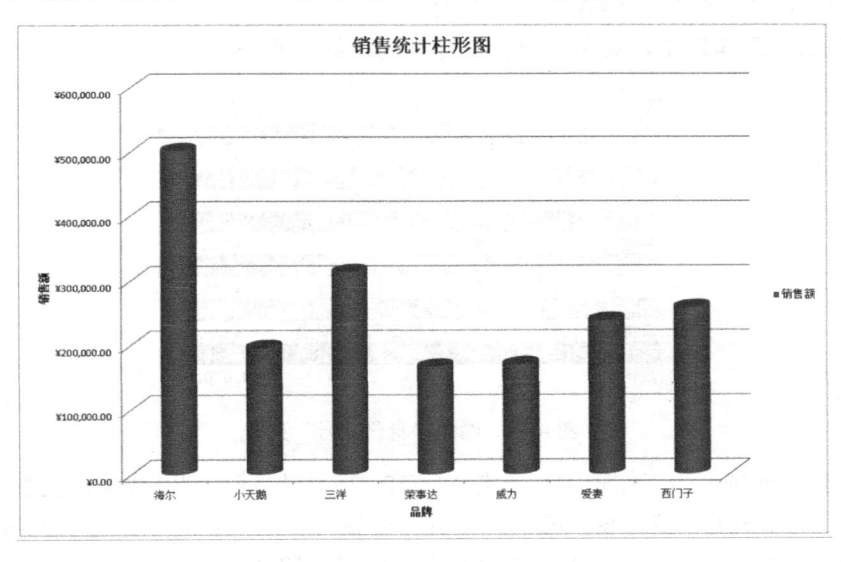

图 4-50　簇状圆柱图

10．保存文件为"洗衣机销售统计图表"。

任务 20　报名情况登记表

操作要求：

1．启动 Excel 2016，在 Sheet1 工作表中输入如图 4-51 所示的内容。保存文件为"报名情况登记数据透视表"。

2．在 Sheet1 工作表中使用自动求和的方法计算"报名费"的"合计"，并将结果放在 F13 单元格中。

	A	B	C	D	E	F
1	学号	姓名	身份证号	班级	报考科目	报名费
2	410101	林海	360**********1524	18计算机网络	办公软件应用	250
3	410102	王国文	360**********2540	18计算机网络	网页高级设计员	280
4	410103	余丽林	360**********5000	18计算机网络	办公软件应用	250
5	410104	林国伟	360**********2541	18计算机网络	图像高级设计员	350
6	410110	王志平	360**********2536	18计算机信息管理	办公软件应用	250
7	410109	吴国达	360**********1727	18计算机信息管理	网页高级设计员	280
8	410107	刘芷馨	360**********4221	18计算机信息管理	办公软件应用	250
9	410108	黄若翠	360**********4352	18计算机信息管理	办公软件应用	250
10	410109	周琳玮	360**********7985	18电会	网页高级设计员	280
11	410110	朱树华	360**********1241	18电会	图像高级设计员	350
12	410111	李升展	360**********2710	18电会	网页高级设计员	280
13		合计				

图 4-51 报名情况数据

3．将 Sheet1 工作表中的数据复制到 Sheet2 工作表、Sheet3 工作表和 Sheet4 工作表中，分别将 3 张新工作表重命名为"数据透视表""分类汇总""筛选"。在 3 张新工作表中，将"合计"行删除。

4．在 Sheet1 工作表中，设置"报名费"列的数据格式为"货币""¥"，并保留两位小数。

5．在 Sheet1 工作表中，选定 A2:F13 单元格区域，使用条件格式将偶数行的单元格填充为"红色"，字体颜色设置为"白色"。

6．在 Sheet1 工作表中，删除"学号"列。

7．在 Sheet1 工作表中，隐藏"身份证号"列，如图 4-52 所示。

	A	C	D	E
1	姓名	班级	报考科目	报名费
2	林海	18计算机网络	办公软件应用	¥250.00
3	王国文	18计算机网络	网页高级设计员	¥280.00
4	余丽林	18计算机网络	办公软件应用	¥250.00
5	林国伟	18计算机网络	图像高级设计员	¥350.00
6	王志平	18计算机信息管理	办公软件应用	¥250.00
7	吴国达	18计算机信息管理	网页高级设计员	¥280.00
8	刘芷馨	18计算机信息管理	办公软件应用	¥250.00
9	黄若翠	18计算机信息管理	办公软件应用	¥250.00
10	周琳玮	18电会	网页高级设计员	¥280.00
11	朱树华	18电会	图像高级设计员	¥350.00
12	李升展	18电会	网页高级设计员	¥280.00
13	合计			¥3,070.00

图 4-52 隐藏"身份证号"列

8．在"数据透视表"工作表中，选定 A1:F12 单元格区域，制作数据透视表，将"班级"和"报考科目"作为列标签，将"姓名"作为行标签，将"报名费"作为求和项，并设置只显示"18 计算机网络"班级的学生的报考数据，如图 4-53 所示。

	A	B	C	D	E	F
1						
2						
3	求和项:报名费	列标签				
4		⊟18计算机网络			18计算机网络 汇总	总计
5	行标签	办公软件应用	图像高级设计员	网页高级设计员		
6	林国伟		350		350	350
7	林海	250			250	250
8	王国文			280	280	280
9	余丽林	250			250	250
10	总计	500	350	280	1130	1130

图 4-53 数据透视表

9．在"分类汇总"工作表中制作以"班级"为分类字段、以"汇总"为求和方式、以"报名费"为汇总项的分类汇总表，并将 3 级明细数据隐藏，如图 4-54 所示。

图 4-54　分类汇总

10．在"分类汇总"工作表中，选定"班级"和"报名费"两列数据创建"簇状棱锥图"图表，设置图表的标题为"资格证书报考情况汇总表"，设置横坐标和纵坐标的标题分别为"类别"和"金额"。将图表嵌入 A20:H40 单元格区域中，然后显示相应的数值，如图 4-55 所示。

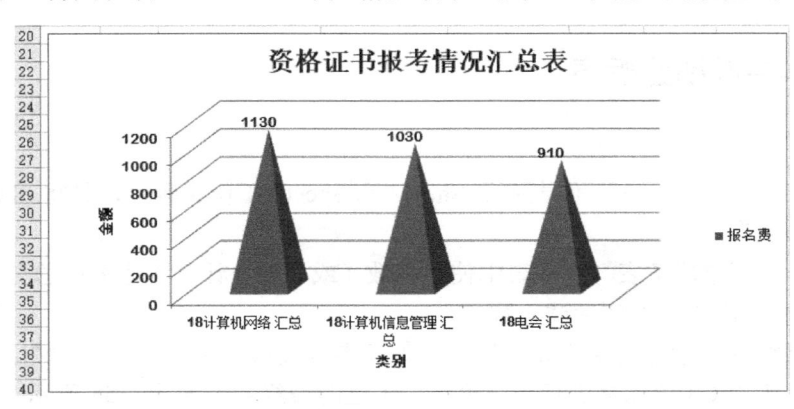

图 4-55　资格证书报考情况汇总表

11．在"筛选"工作表中，筛选出"报考科目"为"办公软件应用"的所有数据，如图 4-56 所示。

图 4-56　筛选"办公软件应用"报考数据

12．在 Sheet1 工作表中将 D2:D12 单元格区域的名称定义为"报考科目信息"。

任务 21　毕业生去向图

操作要求：

1．启动 Excel 2016，将 Sheet1 工作表的 A1:C1 单元格合并为一个单元格，内容水平居中。
2．计算人数的"总计"和"所占比例"列的内容（百分比型，保留小数点后两位）。
3．选取"毕业去向"列（不包括"总计"行）和"所占比例"列的内容建立"三维饼图"，图标题为"毕业去向统计图"，清除图例，设置数据系列格式、数据标志为显示百分比和类别名称。
4．将图插入到表的 A10:E24 单元格区域内，将工作表命名为"毕业去向统计表"，保存文件为"毕业生去向图表"，效果如图 4-57 所示。

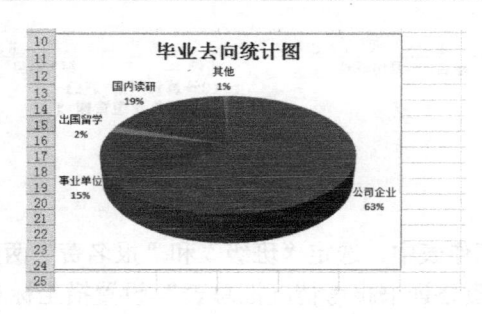

图 4-57　毕业去向统计图

任务 23　学生成绩分析表

操作要求：

1. 启动 Excel 2016，在工作表中将 Sheet2 和 Sheet3 工作表删除，且将 Sheet1 重命名为"学生期末成绩表"。

2. 在"学生期末成绩表"工作表中使用函数（或公式）计算工作表中总分、平均分、最高分、最低分和各门课程参加考试人数。

3. 将表格标题"学生期末成绩表"设置单元格格式为宋体、12 号、加粗及居中。

4. 将工作表以 C3 单元格进行冻结窗格。本题的最终效果如图 4-58 所示。

图 4-58　学生期末成绩表

5. 保存文件为"学生成绩分析表"。

项目 5

演示文稿的制作

知识练习

一、单项选择题

1. *.pptx 是（　　）文件。
   A．演示文稿　　　B．模板　　　C．其他版本　　　D．可执行

2. 在 PowerPoint 2016 中，将演示文稿保存为演示文稿设计模板后，扩展名为（　　）。
   A．.pptx　　　B．.ppsx　　　C．.pspx　　　D．.potx

3. 在 PowerPoint 2016 中，无法完成对所有幻灯片进行设计或修饰的对话框是（　　）。
   A．设置背景　　　B．幻灯片版式　　　C．选择变体　　　D．应用主题

4. 在 PowerPoint 2016 中，将某张幻灯片的版式设置为"垂直排列文本"，应选择的选项卡是（　　）。
   A．开始　　　B．插入　　　C．设计　　　D．幻灯片放映

5. PowerPoint 的"超链接"命令可以实现（　　）。
   A．幻灯片之间的跳转　　　　　B．幻灯片的移动
   C．中断幻灯片的放映　　　　　D．在演示文稿中插入幻灯片

6. 要停止正在放映的幻灯片，按（　　）即可。
   A．Ctrl+X 组合键　　　　　B．Ctrl+Q 组合键
   C．Esc 键　　　　　　　　　D．Alt+X 组合键

7. 在 PowerPoint 2016 中，幻灯片通过大纲形式创建和组织（　　）。
   A．标题和正文　　　　　　　B．标题和图形
   C．正文和图片　　　　　　　D．标题、正文和多媒体信息

8. 选中幻灯片中的对象，下列选项中，（　　）无法实现对象的删除操作。
   A．按 Delete 键
   B．按 Backspace 键
   C．选择"开始"→"剪切"选项
   D．在快速访问工具栏中单击"撤销"按钮

9. 选中幻灯片中的对象，下列选项中，（　　）无法实现对象的移动操作。
   A．在"开始"选项卡的"剪贴板"组中，单击"剪切"和"粘贴"按钮
   B．在"插入"选项卡中，选择"剪切"与"粘贴"选项
   C．按住鼠标左键直接拖动对象到目标位置
   D．按住鼠标右键直接拖动对象到目标位置
10. 想在一个屏幕上同时显示两个演示文稿并进行编辑，应如何操作？（　　）
    A．无法实现
    B．打开两个演示文稿，单击"视图"选项卡的"窗口"组中的"全部重排"按钮
    C．打开两个演示文稿，单击"视图"选项卡的"窗口"组中的"层叠"按钮
    D．打开两个演示文稿，单击"视图"选项卡的"窗口"组中的"移动拆分"按钮
11. 如果将演示文稿置于另一台没有安装 PowerPoint 2016 的计算机上放映，那么应该对演示文稿进行（　　）。
    A．复制　　　　B．打包　　　　C．移动　　　　D．打印
12. 当在幻灯片中插入了音频文件后，在幻灯片中将出现（　　）。
    A．链接说明　　B．喇叭图标　　C．一段文字说明　　D．链接按钮
13. 编辑幻灯片中的内容时，应该先（　　）。
    A．选择编辑对象　　　　　　B．进入"开始"选项卡
    C．进入相应的功能组　　　　D．切换到"幻灯片浏览视图"
14. 如果要将幻灯片中的文字方向设置为纵向，可选择（　　）选项。
    A．"设计"→"页面设置"　　B．"文件"→"打印"
    C．"开始"→"幻灯片版式"　D．"设计"→"主题"
15. 如果要将幻灯片的方向设置为纵向，可选择（　　）选项。
    A．"设计"→"页面设置"　　B．"文件"→"打印"
    C．"开始"→"幻灯片版式"　D．"设计"→"主题"
16. 在一张 A4 纸上最多可以打印（　　）张幻灯片。
    A．4　　　　　B．6　　　　　C．8　　　　　D．9
17. 下列选项中，（　　）不能创建新的演示文稿。
    A．"开始"菜单　　　　　B．桌面快捷方式
    C．Word 文档　　　　　　D．已打开的演示文稿
18. 下列选项中，（　　）不是母版视图。
    A．讲义母版　　B．幻灯片母版　　C．标题母版　　D．备注母版
19. 设置幻灯片母版的命令位于（　　）选项卡中。
    A．视图　　　　B．开始　　　　C．设计　　　　D．插入
20. PowerPoint 2016 所生成的文件不能存储为（　　）。
    A．PowerPoint 97-2003 演示文稿　　B．Word 文档
    C．PowerPoint 模板　　　　　　　　D．XPS 文档
21. 若想使某一张幻灯片应用不同主题，则（　　）。
    A．无法实现　　　　　　　　B．设置该幻灯片不使用母版
    C．直接修改该幻灯片主题　　D．重新设置母版

22．在幻灯片母版中插入的对象只能在（　　）中修改。
   A．备注母版　　B．幻灯片母版　　C．讲义母版　　D．幻灯片版式
23．使用（　　）方式，能在屏幕上显示多张幻灯片。
   A．阅读视图　　B．大纲视图　　C．幻灯片浏览视图　　D．备注页视图
24．进入幻灯片各种视图的快捷方式为（　　）。
   A．选择"视图"选项卡　　　　　　B．选择"审阅"选项卡
   C．使用快捷菜单　　　　　　　　D．单击屏幕下方的视图控制按钮
25．设置幻灯片放映时间的命令是（　　）。
   A．在"幻灯片放映"选项卡中，单击"使用计时"按钮
   B．在"幻灯片放映"选项卡中，单击"设置幻灯片放映"按钮
   C．在"幻灯片放映"选项卡中，单击"排练计时"按钮
   D．在"幻灯片放映"选项卡中，单击"自定义幻灯片放映"按钮
26．使用大纲视图时，右击幻灯片缩略图，在弹出的快捷菜单中选择（　　）选项，可在幻灯片的大标题下面输入小标题。
   A．升级　　B．降级　　C．上移　　D．下移
27．在 PowerPoint 2016 的（　　）视图下可以对幻灯片中的内容进行编辑。
   A．阅读　　B．普通　　C．幻灯片放映　　D．幻灯片浏览
28．使用（　　）视图无法显示在幻灯片中已插入的图片对象。
   A．大纲　　B．幻灯片浏览　　C．幻灯片　　D．幻灯片放映
29．设置项目符号的颜色、大小是通过选择（　　）选项，在打开的对话框中进行设置的。
   A．"设计"→"主题"→"项目符号"
   B．"开始"→"段落"→"项目符号"
   C．"开始"→"字体"→"项目符号"
   D．"插入"→"插图"→"项目符号"
30．幻灯片放映时，要从一张幻灯片"推进"到下一张幻灯片，应选择（　　）选项卡。
   A．插入　　B．动画　　C．切换　　D．幻灯片放映
31．幻灯片放映时，要从第 2 张幻灯片跳转到第 8 张幻灯片，应选择（　　）选项。
   A．"插入"→"超链接"　　　　　　B．"动画"→"上一动画之前"
   C．"切换"→"单击鼠标时"　　　　D．"幻灯片放映"→"设置幻灯片放映"
32．在"动作设置"对话框中，其设置的超链接对象不允许是（　　）。
   A．下一张幻灯片　　　　　　　　B．一个应用程序
   C．其他的演示文稿　　　　　　　D．幻灯片中的某一对象
33．观看演示文稿时，可以使用（　　）。
   A．幻灯片视图　　　　　　　　　B．大纲视图
   C．幻灯片浏览视图　　　　　　　D．幻灯片放映视图
34．当幻灯片放映时，右击监视器，在弹出的快捷菜单中选择"显示演示者视图"选项，则在监视器上看不到（　　）。
   A．备注　　　　　　　　　　　　B．下一张幻灯片
   C．正在放映的幻灯片　　　　　　D．所有幻灯片

35．下列选项中，（　　）无法确保幻灯片外观一致。
   A．制作母版　　B．应用主题　　C．修改背景　　D．使用幻灯片版式
36．幻灯片中的动画播放顺序可以通过（　　）按钮来设置。
   A．预览　　B．添加动画　　C．动画窗格　　D．动作
37．在 PowerPoint 2016 中，对幻灯片进行切换设置，下面说法中，正确的是（　　）。
   A．针对一张幻灯片的切换设置可以应用到所有幻灯片上
   B．每种切换效果都可以在"效果选项"列表中进行设置
   C．在切换效果中不能加入声音
   D．每次设置切换效果后，屏幕会自动播放切换效果，如果想再次观看切换效果，则只能通过"幻灯片放映"按钮来实现
38．在 PowerPoint 2016 中，不可以为幻灯片添加声音的是（　　）。
   A．切换　　B．动画　　C．主题　　D．动作
39．在 PowerPoint 2016 中，使用新增的"设计灵感"功能时，不能（　　）。
   A．连接到 Internet
   B．在同一张幻灯片上使用任何其他对象或形状作为图片
   C．使用已应用了"标题"或"标题+内容"的幻灯片版式
   D．使用 PowerPoint 自带的主题
40．在幻灯片占位符之外不可以直接插入（　　）。
   A．文本框　　B．文字　　C．艺术字　　D．Word 中的表格

二、判断题

1．利用 PowerPoint 2016 制作演示文稿时，一个演示文稿中的每张幻灯片都可以选用不同的主题。（　　）
2．在 PowerPoint 2016 中，"文件"选项卡的"新建"选项功能是创建一张新幻灯片。
（　　）
3．在 PowerPoint 2016 中，系统为演示文稿提供了四种母版：幻灯片母版、标题母版、讲义母版和备注母版。（　　）
4．"幻灯片版式"列表提供了 10 种幻灯片版式。（　　）
5．幻灯片版式包含了一些被称为占位符的虚线框。（　　）
6．在幻灯片浏览视图中，所有幻灯片会以缩略图的形式依次排列在窗口中。（　　）
7．选择"开始"→"新建幻灯片"→"重用幻灯片"选项，可以把其他演示文稿中的一张或多张或全部幻灯片插入当前打开的演示文稿中。（　　）
8．播放演示文稿时，备注内容也能显示出来。（　　）
9．演示文稿中的内容可以用幻灯片、大纲、讲义、备注等多种形式打印出来。（　　）
10．要想打开 PowerPoint 2016，则只能在"开始"菜单中选择 Microsoft Office PowerPoint 2016 应用程序。（　　）
11．在 PowerPoint 2016 中，可以直接在幻灯片中添加图片。（　　）

12．在 PowerPoint 2016 中，为幻灯片中的标题设置动画效果时，可以使用"切换"功能。
（　　）
13．在 PowerPoint 2016 中，为幻灯片设置动画时，不能预览当前的动画。（　　）
14．在"切换"选项卡中单击"全部应用"按钮，则所有幻灯片将应用同一种切换效果。
（　　）
15．使用 PowerPoint 2016 的普通视图时，在任意时刻打开主窗口，只能查看或编辑一张幻灯片。（　　）
16．PowerPoint 2016 提供的联机模板和主题，需要下载才能使用。（　　）
17．在幻灯片放映的过程中，要结束放映，可按 Esc 键。（　　）
18．若计算机没有安装 PowerPoint 2016，可以通过其他方式播放演示文稿。（　　）
19．在 PowerPoint 2016 的普通视图下，可以同时显示幻灯片、大纲和备注。（　　）
20．在 PowerPoint 2016 中，若想将幻灯片的标题颜色统一改为红色，那么只需在幻灯片母版上做一次修改即可，并且以后的幻灯片的标题也变为红色。（　　）
21．在 PowerPoint 2016 中，对于软件自带的主题，可以在"设计"选项卡的"变体"组中选择其他颜色。（　　）
22．在 PowerPoint 2016 中，幻灯片内所插入的音频文件默认是自动播放的。（　　）
23．在 PowerPoint 2016 中，幻灯片的页面方向可设置为纵向或横向。（　　）
24．在 PowerPoint 2016 中，幻灯片大小可以自定义。（　　）
25．在 PowerPoint 2016 中，可以为幻灯片内的文本、形状、表格、图形和图片等对象创建超链接。（　　）
26．在 PowerPoint 2016 中，不可以直接将 Excel 中的图表插入幻灯片中。（　　）
27．在 PowerPoint 2016 中，隐藏的幻灯片在放映时不会出现。（　　）
28．在 PowerPoint 2016 中，新增的联机演示功能可以允许其他人在 Web 浏览器中观看幻灯片。（　　）
29．在 PowerPoint 2016 中，设置"排练计时"功能后，幻灯片放映时就只能使用"排练时间"。（　　）
30．使用 PowerPoint 2016 制作幻灯片时，除文字和图形外，还可以直接插入视频文件。
（　　）

实训操作

任务1　大学生城镇居民医疗保险

操作要求：

1．打开教学资源库的相关素材文件，在最前面插入一张幻灯片，作为标题幻灯片。

2．在标题幻灯片中输入主标题"大学生城镇居民医疗保险"，设置主标题的字体格式为"华文琥珀""加粗""48 磅""红色""居中"。在主标题的下方输入副标题 "同学须知事项"，设置副标题的字体格式为"宋体""28 磅""居中"。

3．设置所有幻灯片的应用主题为"引用"。

4．在标题幻灯片中插入教学资源库中的"1.jpg"图片，作为背景。

5．设置所有幻灯片的切换方式为"形状"，效果选项为"加号"。

6．设置所有幻灯片的项目符号为"➢"。

7．为第二张幻灯片中的文本对象添加动画，选择"飞入"动画，再选择"自右侧"效果选项，在"开始"下拉列表中选择"与上一动画同时"选项，设置持续时间为"02.00"秒。

8．为第三张幻灯片中的文本对象添加动画，选择"棋盘"动画，选择"下"效果选项，在"开始"下拉列表中选择"单击时"选项，设置持续时间为"00.50"。

9．在幻灯片中插入自动更新的日期与时间。

10．保存文件为"医疗保险.pptx"。

本题的最终效果如图 5-1 所示。

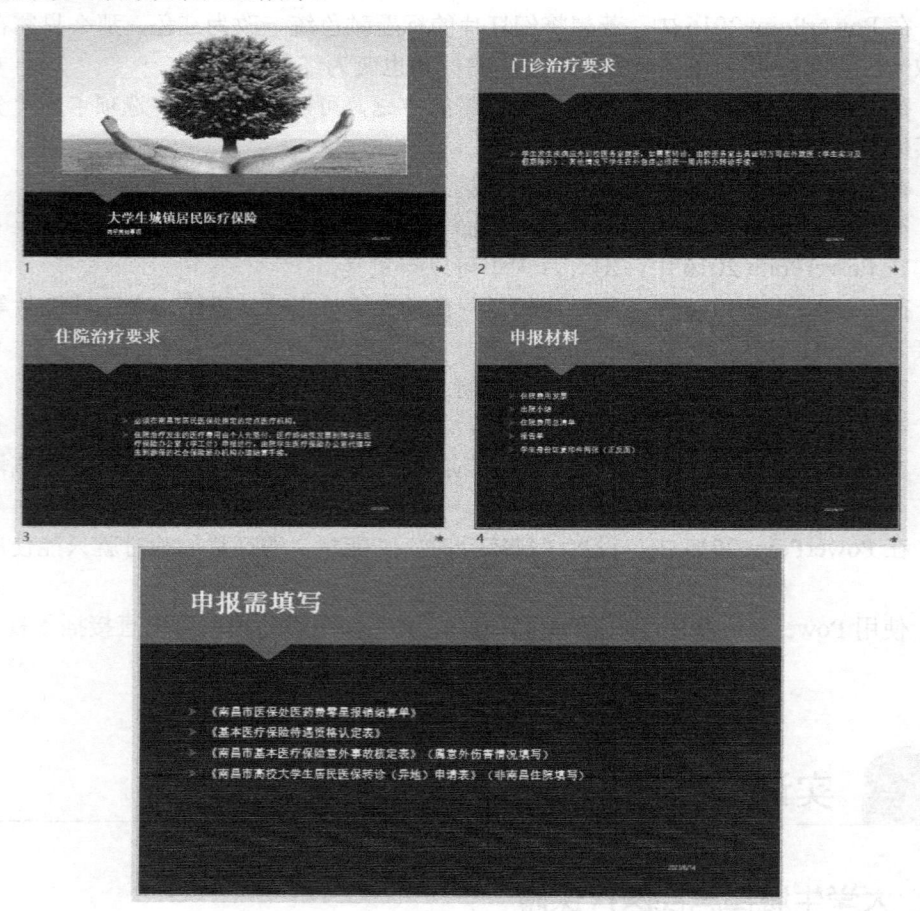

图 5-1 "大学生城镇居民医疗保险"PPT

任务 2 龙虎山风光电子相册

操作要求：

1．打开 PowerPoint 2016，创建一个空白演示文稿，保存为"龙虎山风光相册"演示文稿。

2．单击"插入"→单击"相册"→"文件/磁盘 F..."选项→弹出图片存放路径，选择想要放在这个电子相册中的照片，单击"创建"按钮。一个简单的电子相册就创建好了。

3．单击第一页，设计幻灯片主题为"水滴"。

4．在主标题中键入"龙虎山风光相册"。设置"字号"为72，"字体"为"隶书"，加粗，对齐为"居中"。

5．删除副标题。

6．插入声音文件。单击"插入"→"媒体"→"音频"→"PC 上的音频"选项，插入素材文件"江西是个好地方.MP3"。

7．设置的背景音乐可以连续滚动播放。选中音频图标，单击"音频工具"的"播放"选项卡，在"音频选项"组中选中"跨幻灯片播放"复选框，选择"放映时隐藏"和"循环播放，直到停止"复选框。

8．设置主标题的动画效果为"缩放"。

9．设置幻灯片切换效果为"棋盘"，持续时间为2.50 秒。

10．设置幻灯片"换片方式"→"设置自动换片时间"为5 秒。

11．将幻灯片的切换效果应用到全部幻灯片。

12．按F5 键，开始播放带着音乐的电子相册。

13．保存相册演示稿为"龙虎山电子相册.pptx"。

本题的最终效果如图 5-2 所示。

图 5-2 "龙虎山风光相册"PPT

任务3　快乐旅行社

操作要求：

1．新建一个空白演示文稿,在计算机已连接互联网的前提下搜索联机模板和主题"旅游"，选择合适的主题并下载。

2．打开相关素材库中的"3.ppt"文件，应用新下载的主题。

3．为第一张幻灯片的主、副标题添加"翻转由远及近"动画，在"开始"下拉列表中选择"上一动画之后"选项，设置持续时间为"03.00"。

4．在标题幻灯片中插入相关素材库中的"3.mp3"音频文件，并在"开始"下拉列表中选择"自动"选项，选中"跨幻灯片播放"、"放映时隐藏"和"循环播放，直到停止"复选框。

5．在第二张幻灯片中插入"教学资源库\习题册\项目5\03\3.png"图片，调整图片的大小及位置。

6．为第三张幻灯片应用"画廊"主题，并选择合适的样式。

7．插入幻灯片页脚，输入日期"2022-8-15"，以及"快乐旅行社旅游说明会"；显示幻灯片编号。注意，在标题幻灯片中不显示页脚内容。

8．设置所有幻灯片的切换方式为"淡出"，设置持续时间为"00.70"。

9．在最后一张幻灯片中，为"友情提示"下方的文本添加"1.2.3.……"类型的项目编号。

10．保存文件为快乐旅行社.pptx。

本题的最终效果如图5-3所示。

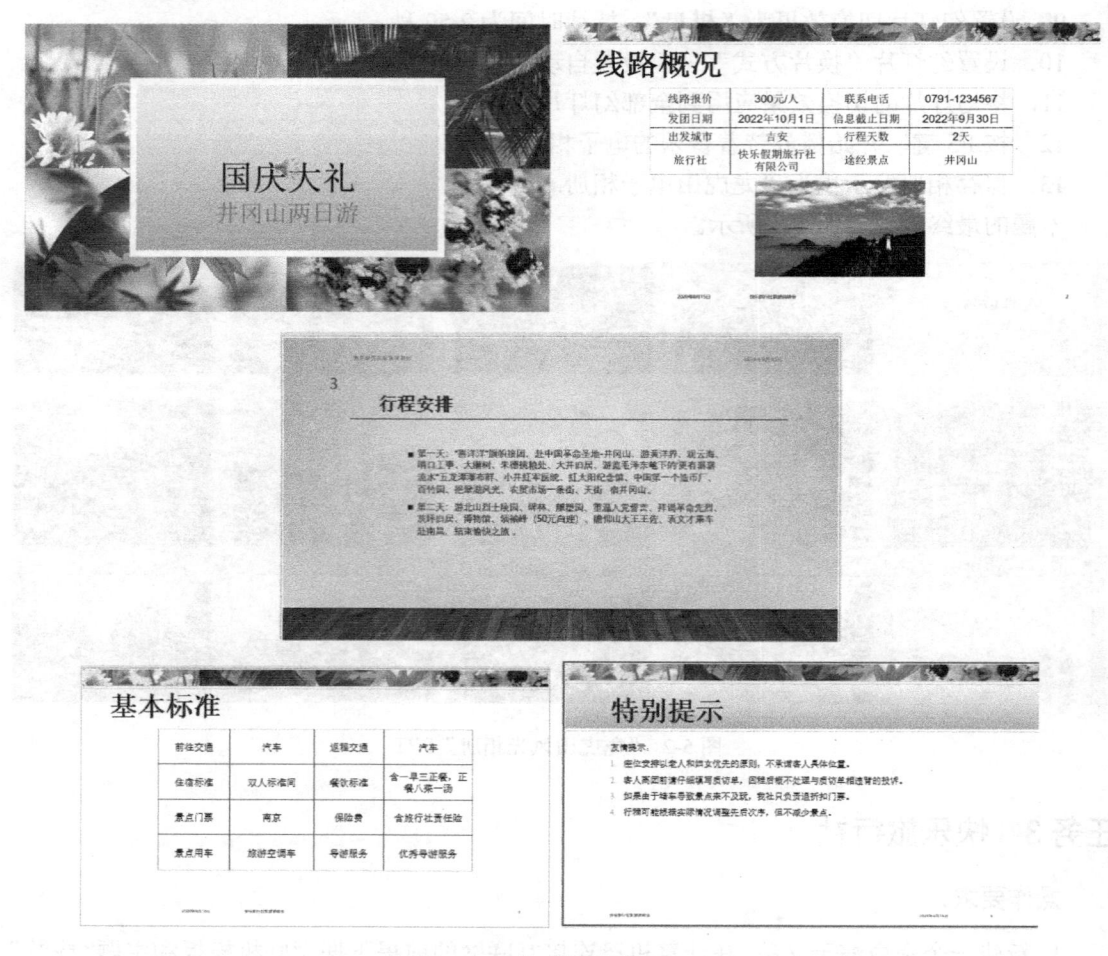

图5-3 "快乐旅行社"PPT

任务4　XX公司2022年度财务分析

1．新建一个空白演示文稿，选择主题"丝状"。

2. 在标题幻灯片中输入主标题"XX公司2022年度财务分析",输入副标题"报告人:小明"。

3. 第二张幻灯片的版式选择"标题和内容",输入标题"资产负债分析",插入三维饼图,其内容为"其他资产48%""应收预付账款18%""现金17%""存货17%"。

4. 设置三维饼图:设置标题为"三类重要流动资产的比例",并将标题置于三维饼图的上方,在三维饼图的右侧显示图例,设置数据标签,显示"类别名称"和"百分比"。

5. 第三张幻灯片的版式选择"标题和内容"。输入标题"资产负债表分析",并插入如表5-1所示的表格,设置表格中文字的字体格式为"黑体""24磅"。

表5-1 第三张幻灯片要插入的内容

项 目	余 额	跌价准备	计 提 价
原材料	4453	294	6.60%
产成品	15718	129	0.07%
包装物及其他	2053	-	-
合计	22224	415	1.87%

6. 第四张幻灯片的版式选择"标题和内容"。输入标题"损益表分析",插入三维簇状柱形图,选择"图表样式5"。三维簇状柱形图的内容为"2020年销售毛利率,11%""2021年销售毛利率,16%""销售新增量毛利率,41%"。设置维簇状柱形图的标题为"销售毛利率增加是今年利润增加的主要原因"。

7. 第五张幻灯片的版式选择"标题和文本"。输入标题"综述",设置文本格式:一级标题"总体运行良好"和"亟待改进",二级标题"宏观经济环境严峻"和"管理有待加强"。

8. 将主题颜色修改为"蓝绿色",设置背景为"样式6"。

9. 设置幻灯片大小为"4:3"。

10. 保存文件为公司2022年度财务分析.pptx。

本题的最终效果如图5-4所示。

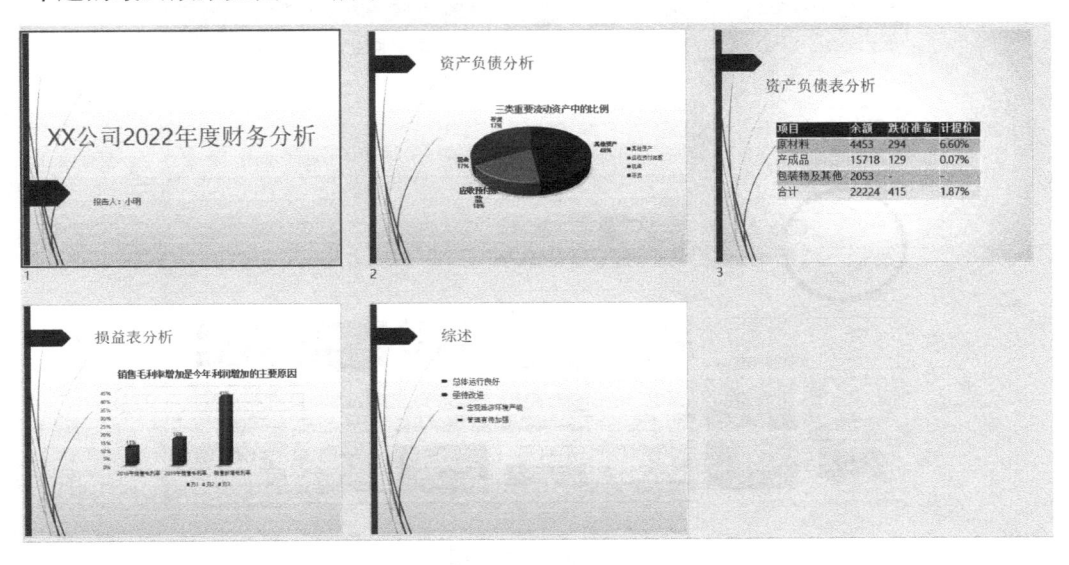

图5-4 "公司2022年财务分析"PPT

任务5　动态主题

操作要求：

1. 新建一个空白演示文稿，切换到母版视图，选择幻灯片母版。

2. 画一个矩形，设置高度为"19厘米"，宽度为"33.9厘米"，位置为"左上角，水平0厘米，垂直0厘米"，填充为"渐变，浅色渐变-个性色1，线性，右下到左上"，边框线条设置为"白色"。

3. 复制出9个矩形，高度分别缩小90%、80%、70%、60%、50%、40%、30%、20%、10%。调整矩形的右边，将突出部分缩小到幻灯片右侧。

4. 调整"标题"占位符和"内容"占位符的位置，将其置于顶层。

5. 为矩形添加动画，设置"进入"→"轮子"动画效果，在"开始"下拉列表中选择"上一动画之后"选项，设置"持续时间"为"00.50"。

6. 插入一个幻灯片母版，绘制一个矩形，设置高度为"19厘米"，宽度为"33.9厘米"，位置为"左上角，水平0厘米，垂直0厘米"，填充为"渐变，浅色渐变-个性色1，线性，右下到左上"，边框线条设置为"白色"。

7. 复制9个矩形，高度和宽度分别缩小90%、80%、70%、60%、50%、40%、30%、20%、10%，将所有矩形置于底层。

8. 为矩形添加动画，设置"进入"→"缩放"动画效果，在"开始"下拉列表中选择"上一动画之后"选项，设置"持续时间"为"00.50"。

9. 将两个幻灯片母版的标题的字体格式设置为"黑体"，将两个幻灯片母版的主标题的颜色设置为"红色"。

10. 单击"主题"按钮→"保存当前主题"选项，将文件保存为自定义主题，命名为"矩形.thmx"。

本题的最终效果如图5-5所示。

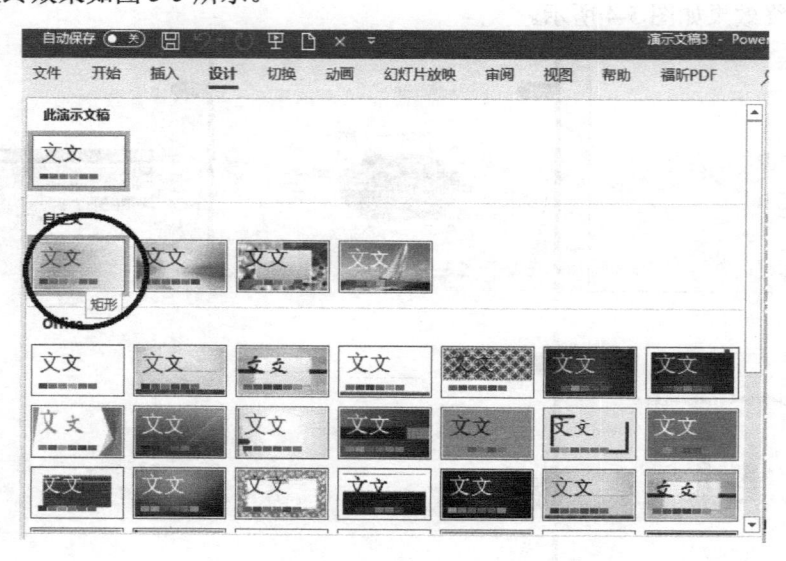

图5-5　动态主题

任务 6　数码相机介绍

操作要求：

1．新建一个空白演示文稿，应用主题为"电路"，设置幻灯片的切换方式为"推进，自左侧，鼓掌声"，设置持续时间为"01.50"。

2．在第二张幻灯片中插入 SmartArt 图形，选择"循环"→"射线循环"选项，右击外围的任意一个圆，在弹出的快捷菜单中选择"添加形状"→"在后面添加形状"选项，则生成第 6 个圆。在各圆中输入文本，为 6 个圆填充"顶部聚光"渐变颜色，填充效果选择"射线"→"从中心"选项，为 6 个圆设置不同的渐变光圈颜色。选中所有形状进行三维旋转，设置 Y 为 50°，Z 为 30°。设置幻灯片的切换方式为"窗口"，设置持续时间为"10.00"，设置自动换片时间为"20.00"。

3．在第三张幻灯片中插入 SmartArt 图形，选择"流程"→"递增箭头流程"选项，输入文本。设置幻灯片的切换方式为"立方体，自左侧"，设置持续时间为"02.00"。

4．在第四张幻灯片中输入历年产品型号，与幻灯片输入的文本内容如表 5-2 所示。

表 5-2　输入的文本内容

幻灯片标题	文　本　内　容		
数码相机介绍	制作：✲✲✲ 报告：✦✦✦		
技术要点	购买数码相机的首要条件 2 英寸 LCD 超高感光 光学变焦 摄影功能 超千万像素		
发展变化	第一代	500 万像素 2.5 英寸的触控式屏幕 高感光防手抖 2cm 微距拍摄	
^^	第二代	720 万像素 2.5 英寸的触控式屏幕 3 倍光学变焦 使用 Duo 内存卡	
^^	第三代	1000 万像素 3.0 英寸的触控式屏幕 双重防手抖 高感光度动态拍摄 超强电池	
历年产品型号	2017 年	TTMA-M60 型号	
^^	2018 年	TTMA-M70 型号	
^^	2019 年	TTMA-M80 型号	
^^	2020 年	TTMA-M90 型号	

5．保存文件为数码相机介绍.pptx。

本题的最终效果如图 5-6 所示。

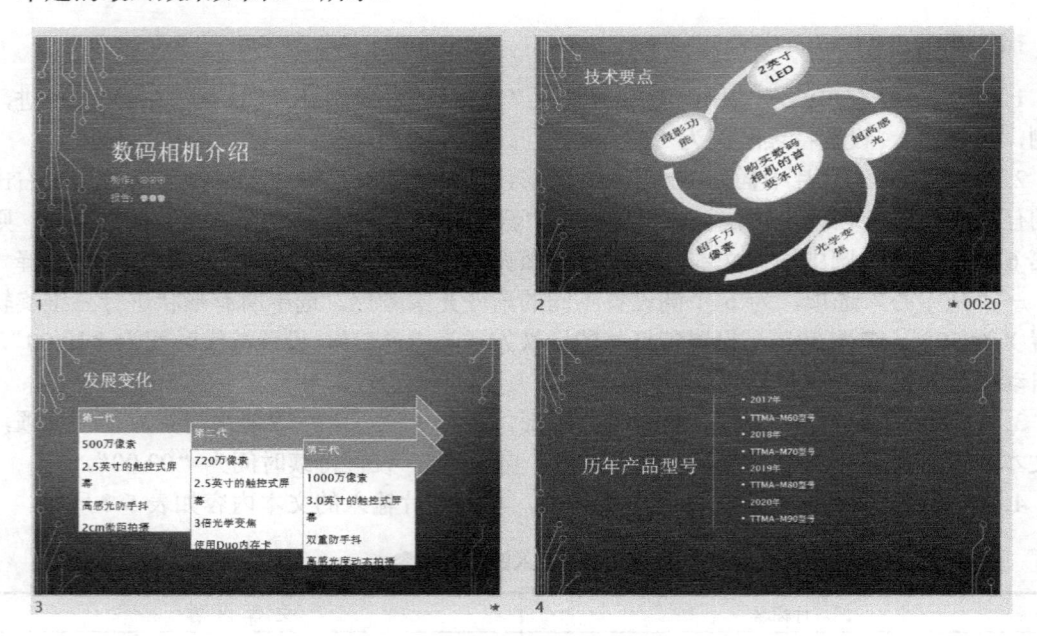

图 5-6 "数码相机介绍" PPT

任务 7 邀请卡

操作要求：

利用 PowerPoint 2016 中的动画功能制作一张动态卡片。

1．新建一个空白演示文稿，选择空白版式。

2．插入相关素材文件中的"背景.jpg"图片，将其作为背景，设置图片的艺术效果为"素描"。

3．设置幻灯片的切换方式为"闪光"。插入相关素材文件中的"7.mp3"音频文件，并在"开始"下拉列表中选择"自动"选项，选中"跨幻灯片播放"、"放映时隐藏"和"循环播放，直到停止"复选框。

4．插入内容并设置动画效果（见表 5-3）。

表 5-3 插入内容并设置动画效果

插入内容	动画效果	开始	持续时间/秒	延迟/秒	备注
艺术字"尊敬的老师"	进入→出现	上一动画之后	自动		
	强调→脉冲	上一动画之后	00.50		重复三次
	退出→淡化	上一动画之后	00.50	02.00	
艺术字"计算机系全体同学"	向下转弯	与上一动画同时	03.00		

续表

插入内容	动画效果	开始	持续时间/秒	延迟/秒	备注
自选图形"心形",填充为"红色",设置三维格式:顶部棱台,宽20磅,高20磅;底部棱台,宽10磅,高10磅。添加文字"真心"	进入→缩放	上一动画之后	02.25		
	强调→脉冲	上一动画之后	00.50		重复三次
	退出→缩放	上一动画之后	00.50	02.25	
艺术字"邀请您"	进入→淡化	上一动画之后	00.50		
	动作路径→圆形扩展	上一动画之后	02.00		
	退出→消失	上一动画之后	自动	02.00	
艺术字"计算机系全体同学"	退出→擦除	上一动画之后	00.50		
艺术字"为我系的素描比赛担任评委"	进入→旋转	上一动画之后	02.00		
	强调→补色	上一动画之后	05.00		
文本框"时间""地点"	进入→翻转由远及近	上一动画之后	01.00		
	强调→填充颜色	上一动画之后	02.00	01.00	
	强调→补色	上一动画之后	02.00	01.00	
	强调→波浪	上一动画之后	01.00	01.00	

本题的详细内容不统一要求,同学们可以自由发挥,并根据需要设置其他动画效果,本题的参考效果如图5-7所示。

图5-7 "邀请卡"PPT

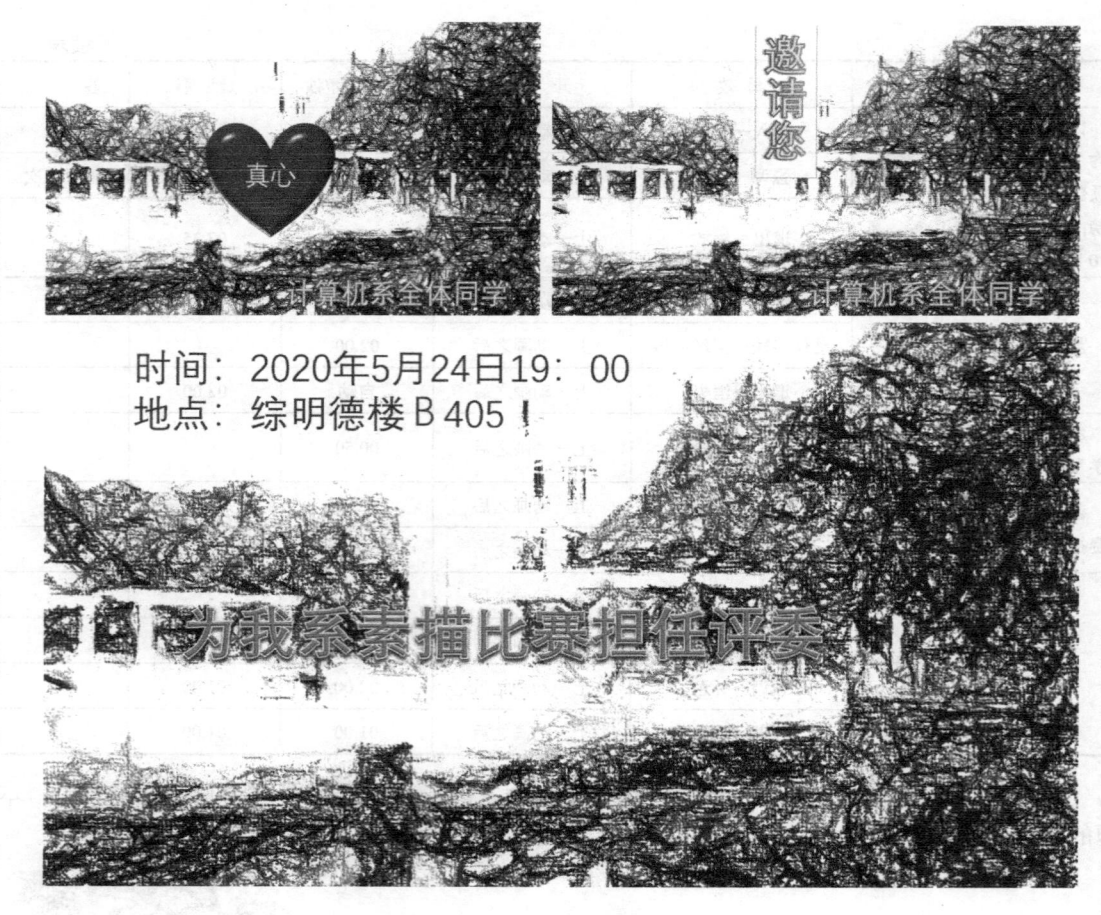

图 5-7 "邀请卡" PPT（续）

任务 8　古诗《春江花月夜》

操作要求：

1．在相关素材文件中打开"8.ppt"文件。

2．插入素材文件中的"8.jpg"图片，将其作为背景，将透明度调整为"50%"，并应用于所有幻灯片。

3．在第一张幻灯片中插入素材文件中的"8.mp3"音频文件，并在"开始"下拉列表中选择"自动"选项，选中"跨幻灯片播放"、"放映时隐藏"和"循环播放，直到停止"复选框。

4．将主标题的字体格式设置为"宋体""66 磅""黑色""左对齐"；将副标题的字体格式设置为"宋体""32 磅""黑色""左对齐"。

5．为主标题和副标题设置"进入"→"升起"动画效果，在"开始"下拉列表中选择"与上一动画同时"选项，设置"持续时间"为"10.00"，再设置"退出"→"浮出"动画效果，在"开始"下拉列表中选择"上一动画同之后"选项，设置"持续时间"为"02.00"。

6．将项目符号修改为"☽"。

7．为后面的幻灯片设置"进入"→"淡化"动画效果，让古诗逐句出现，使每句出现的时间与朗读的语速匹配。

8. 设置"退出"→"层叠，到右侧"动画效果，当古诗朗读结束后，幻灯片内容隐藏。
9. 在"幻灯片放映"选项卡的"设置"组中单击"录制幻灯片演示"按钮，伴随音乐朗读全文，进行录制。
10. 将演示文稿打包成 CD，保存文件为古诗.pptx。

本题的最终效果如图 5-8 所示。

图 5-8 "古诗"PPT

任务 9 认识计算机硬件

操作要求：

1. 打开文件，应用设计主题"离子会议室"。
2. 输入主标题和副标题。
3. 在第二张幻灯片中，插入 SmartArt 图形，制作如图 5-9 所示的计算机系统结构图。
4. 在第三张幻灯片中插入如图 5-10 所示的硬件系统结构图。可以在 Word 中利用"文本框"和"基本形状"制作结构图，再以图片的形式插入幻灯片。

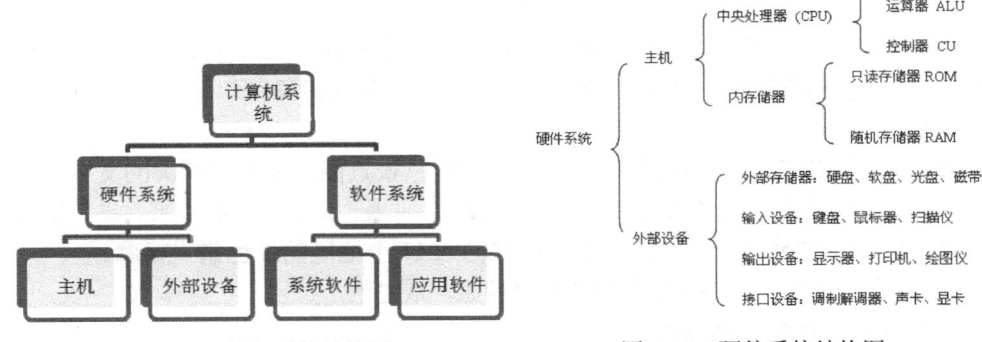

图 5-9 计算机系统结构图　　　　图 5-10 硬件系统结构图

5．在第四张幻灯片中，在相关素材中找到视频"9.mp4"并插入。

6．保存文件为认识计算机硬件.pptx。

本题的最终效果如图 5-11 所示。

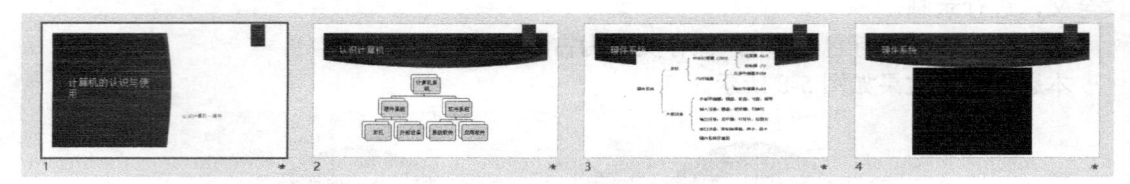

图 5-11 "认识计算机硬件" PPT

任务 10 红色江西

操作要求：

1．新建一个空白演示文稿，在相关素材中找到"标题图片.jpg"并插入该图片，将其作为背景，输入主标题和副标题，如图 5-12 所示。

2．设置主标题的字体格式为"华文琥珀""80 磅"，设置副标题的字体格式为"隶书""40 磅"。在主、副标题之间插入粗细为"6 磅"的直线，设置直线的样式为"红色，个性色 4，深色 50%"。

图 5-12 标题图片

3．在标题幻灯片中插入素材文件的"江西是个好地方.mp3"音频文件，并在"开始"下拉列表中选择"自动"选项，选中"跨幻灯片播放"、"放映时隐藏"和"循环播放，直到停止"复选框。

4．新建 11 张幻灯片，分别插入 11 个地区的红色景点图片和景点相关的文字内容。

5．在第 2～12 张幻灯片的左侧均插入一个高 19 厘米、宽 3 厘米的矩形，将其填充为"金色，个性色 4，深色 25%"，并以艺术字的形式输入 11 个地区的红色景点标题。

6．设置所有幻灯片的切换方式为"页面卷曲，双左"。

7．保存文件为红色江西.pptx。

项目 6

网络基础应用与信息检索

知识练习：标准化试题测试

一、单项选择题

1. 下列关于计算机网络的说法中，正确的是（　　）。
   A．不能远程信息访问
   B．不能实现资源共享
   C．不受地理约束，实现资源共享
   D．不受地理约束、实现资源共享、远程信息访问
2. 计算机网络资源共享主要共享（　　）资源。
   A．硬件、软件、数据　　　　　　　B．硬件、程序、数据
   C．通信信道、外设、数据　　　　　D．通信信道、程序、数据
3. 一般来说，计算机网络可以提供的功能有（　　）。
   A．数据通信、资源共享　　　　　　B．分布式处理
   C．提高计算机的可靠性和可用性　　D．以上都是
4. （　　）具有分布范围小、投资少、配置简单的特征。
   A．局域网　　　　B．城域网　　　　C．广域网　　　　D．互联网
5. 计算机网络分类的主要依据是（　　）。
   A．传输技术与传输介质　　　　　　B．传输技术与地理覆盖范围
   C．服务器的类型　　　　　　　　　D．互联网的设备类型
6. 如果某局域网的拓扑结构是（　　），则局域网中的任何一个节点出现故障都不会影响整个网络的工作。
   A．总线型结构　　B．星形结构　　　C．环形结构　　　D．网状结构
7. OSI/RM 协议模型将计算机网络体系结构的通信协议规定为（　　）层。
   A．5　　　　　　B．6　　　　　　　C．7　　　　　　　D．8
8. BBS 站点一般采用（　　）提供的访问方式。
   A．HTTP　　　　B．QQ　　　　　　C．Web　　　　　　D．FTP

9．如果想把两个局域网相互连接，组成广域网，则可以选择（　　）作为网络连接设备。
　　A．路由器　　　　B．网卡　　　　　C．网桥　　　　　　D．集线器
10．Internet 被称为（　　）。
　　A．网络　　　　　B．国际互联网　　C．物联网　　　　　D．城域网
11．TCP/IP 的基本传输单位是（　　）。
　　A．段　　　　　　B．帧　　　　　　C．数据报　　　　　D．位
12．OSI 参考模型的最高层是（　　）。
　　A．传输层　　　　B．网络层　　　　C．物理层　　　　　D．应用层
13．网络主机 TCP/IP（IPv4）的地址由一个（　　）的二进制数组成。
　　A．16 位　　　　 B．32 位　　　　 C．64 位　　　　　 D．68 位
14．数据通信中的信道传输速率单位为比特/秒，通常记为（　　）。
　　A．bit/s　　　　 B．bbs　　　　　 C．bpers　　　　　 D．baud
15．下列选项中，（　　）属于网络操作系统。
　　A．Windows 8　　 B．NetWare　　　 C．Windows 10　　　D．UCDOS
16．在计算机网络中，TCP/IP 是（　　）。
　　A．一种网络操作系统　　　　　　　B．一个网络地址
　　C．一种通信协议　　　　　　　　　D．一个部件
17．Internet 是一个（　　）。
　　A．大型网络系统　B．广域网　　　　C．局域网　　　　　D．世界信息网
18．世界上第一个出现的计算机网络是（　　）。
　　A．ARPANet　　　 B．NSFNet　　　　C．Internet　　　　D．Milnet
19．常见的 IP 地址分为（　　）。
　　A．A、B 两类　　 B．A、B、C 三类　C．A～D 四类　　　 D．A～E 五类
20．每个 A 类 IP 地址包含（　　）个主机号。
　　A．128　　　　　 B．254　　　　　 C．65534　　　　　 D．16777214
21．下列关于 Internet 的说法中，错误的是（　　）。
　　A．Internet 即国际互联网　　　　　B．Internet 具有子网和资源共享的特点
　　C．Internet 提供了多种信息网络系统　D．Internet 是广域网
22．通过电话线连接上网，用户必须使用（　　）。
　　A．集线器　　　　B．调制解调器　　C．网络适配器　　　D．网卡
23．TCP/IP 协议是 Internet 中计算机之间通信时必须共同遵循的一种（　　）。
　　A．信息资源　　　B．硬件　　　　　C．软件　　　　　　D．通信规定
24．在 TCP/IP 模型中，应用层是最高的一层，它包括了所有的高层协议。下列协议中不属于应用层协议的是（　　）。
　　A．HTTP　　　　　B．FTP　　　　　 C．UDP　　　　　　 D．SMTP
25．互联网上的服务基于一种协议，WWW 服务基于（　　）协议。
　　A．POP3　　　　　B．SMTP　　　　　C．HTTP　　　　　　D．FTP
26．调制解调器（Modem）的功能是实现（　　）。
　　A．模拟信号与数字信号的转换　　　B．数字信号的编码
　　C．模拟信号的放大　　　　　　　　D．数字信号的传输

27. "www.jxqy.edu.cn"是 Internet 中主机的（　　）。
    A．硬件编码　　　B．密码　　　　C．软件编码　　　D．域名
28．将普通微型计算机连入网络中，至少要在该微型计算机内增加一块（　　）。
    A．驱动卡　　　　B．通信接口板　　C．网卡　　　　D．多功能板
29．个人计算机接入网络的主要方式是采用（　　）接入方式。
    A．PPP 拨号　　　B．路由器　　　C．电话线　　　D．调制解调器
30．在 TCP/IP 协议簇中负责邮件发送的协议是（　　）。
    A．POP　　　　　B．SMTP　　　　C．FTP　　　　D．Telnet
31．Telnet 的功能是（　　）。
    A．文件传输　　　B．新闻广播　　　C．远程登录　　　D．电子邮件
32．Internet 实现了分布在世界各地的各类网络的相互连接，其最基础、最核心的协议是（　　）。
    A．TCP/IP　　　　B．HTTP　　　　C．TCP　　　　D．FTP
33．在计算机网络中，表示数据传输可靠性的指标是（　　）。
    A．传输率　　　　B．信道容量　　　C．误码率　　　D．信息容量
34．目前，局域网的传输介质（媒体）主要有（　　）、同轴电缆和光纤。
    A．电话线　　　　B．双绞线　　　　C．红外线　　　D．通信卫星
35．"https://www.jxqy.edu.cn/"中的 http 表示（　　）。
    A．协议名　　　　B．服务器域名　　C．端口　　　　D．文件名
36．下列关于 ADSL 的说法中，错误的是（　　）。
    A．ADSL 的传输速率通常比在 PSTN 上使用传统的 Modem 要高
    B．ADSL 可以传输很长的距离，而且其传输速率与传输距离没有关系
    C．ADSL 的非对称性表现在上行速率和下行速率可以不同
    D．在电话线路上使用 ADSL，可以同时进行电话和数据传输，互不干扰
37．下列属于微型计算机网络特有设备的是（　　）。
    A．显示器　　　　B．UPS 电源　　　C．服务器　　　D．主机
38．下列选项中，可以利用 BBS 实现的是（　　）。
    A．网上学习交流　　　　　　　　　B．网上兴趣交流
    C．网上特定话题讨论　　　　　　　D．以上选项均可以
39．下列关于在互联网上进行网上交流的说法中，错误的是（　　）。
    A．Telnet（远程登录）可以登录 BBS
    B．"博客"是使用特定的软件，在网络上出版、发表和张贴个人文章的人
    C．E-mail 也是一种网上交流形式
    D．"万维网"就是 BBS 的论坛
40．发送或接收电子邮件（E-mail）的首要条件是要有一个电子邮件地址，它的正确形式是（　　）。
    A．用户名&域名　　　　　　　　　B．域名@用户名
    C．用户名@域名　　　　　　　　　D．用户名/域名

二、判断题

1. 网络上的任意计算机之间都可以交换信息。（   ）
2. 在申请电子邮件地址时，如果想申请成功，也可以不同意网站要求用户承诺的协议书。（   ）
3. 在 Novell 网的文件服务器上最多可插 4 块网卡。（   ）
4. TCP/IP 属于低层协议，它定义了网络接口层。（   ）
5. 拨号网络需要调制解调器（Modem），这是因为它可以拨号连接。（   ）
6. 防火墙的作用是增强网络安全性。（   ）
7. 路由器（Router）用于连接逻辑上分开的多个网络。（   ）
8. 如果某局域网的拓扑结构是总线型结构，则局域网中的任何一个节点出现故障都不会影响整个网络的工作。（   ）
9. 互联网的基本含义是计算机网络与计算机网络相互连接。（   ）
10. HTTP 是一种高级程序设计语言。（   ）
11. 网络传输介质是决定网络使用性能的关键。（   ）
12. 计算机技术和通信技术是计算机网络技术包含的两个主要技术。（   ）
13. 安装拨号网络组件后，不用重新启动，就可以安装拨号网络适配器了。（   ）
14. 网络适配器是逻辑上将计算机与网络连接起来的设备。（   ）
15. 通过网络连接设备将各种广域网和城域网连接起来，就形成了全球范围内的互联网。（   ）
16. 允许用户在输入正确的保密信息时可以进入系统，采用的方法是命令。（   ）
17. 计算机网络是计算机与通信技术结合的产物。（   ）
18. 在互联网中，一台主机的域名由 5 部分组成。（   ）
19. 电子邮件是互联网提供的一项最基本的服务。（   ）
20. E-mail、FTP、TCP/IP、WWW 是 Internet 提供的主要服务。（   ）

实训操作：实训操作测试

任务 1　Microsoft Edge 浏览器的设置

设置 Microsoft Edge 浏览器的各种属性。利用"Microsoft Edge 打开方式"中的"特定页"选项设置主页。

操作要求：

1. 启动 Microsoft Edge 浏览器，单击右上角的"设置"按钮。
2. 弹出"常规"对话框，在"Microsoft Edge 打开方式"中选择"特定页"选项，并在文本框中输入网址，如图 6-1 所示。
3. 清除上网时留下的痕迹，如缓存的数据和文件、浏览历史记录等，如图 6-2 所示。

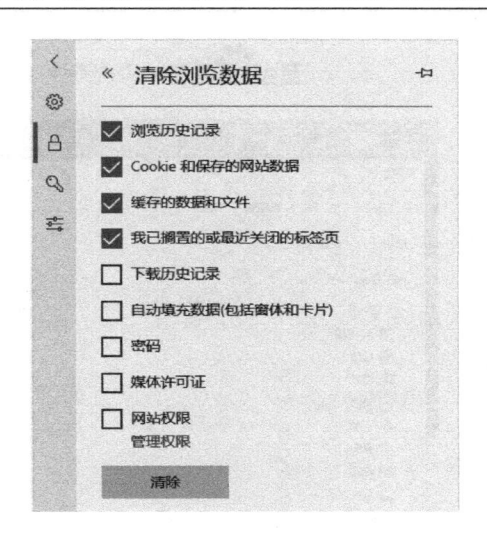

图 6-1 "常规"对话框　　　　　　　　图 6-2 清除上网时留下的痕迹

任务 2　利用搜索引擎搜索网页

"百度"是全球最大的中文搜索引擎，由李彦宏、徐勇两人于 2000 年 1 月在北京创立。请读者浏览"百度"主页，将该主页添加到收藏夹中，方便以后进行信息搜索。

在"百度"主页中，搜索关键字为"计算机等级考试"的相关信息，在搜索结果中找到"计算机等级考试 百度百科"网页，并将该网页保存在"文档"文件夹中。

将"百度"的网站标志保存在"本机照片"文件夹中。

操作要求：

1．启动 Microsoft Edge 浏览器，在地址栏中输入百度的网址。
2．浏览"百度"主页，将该主页添加到收藏夹中，如图 6-3 所示。

图 6-3　将百度主页添加入收藏夹

3．将搜索到的"计算机等级考试 百度百科"网页保存在"文档"文件夹中，如图 6-4 所示。
4．将"百度"的网站标志保存在"本机照片"文件夹中，如图 6-5 所示。

· 97 ·

图 6-4　保存搜索到的网页

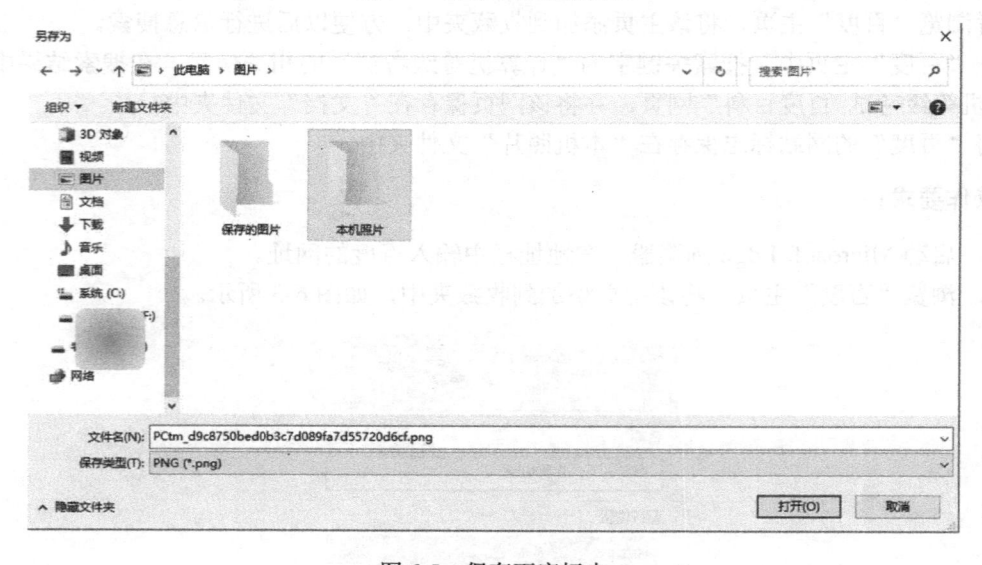

图 6-5　保存百度标志

任务 3　注册 QQ 账号

浏览"腾讯"主页，将 QQ 聊天软件的安装包下载到"文档"文件夹中，然后安装 QQ 聊天软件。

操作要求：

1. 启动 Microsoft Edge 浏览器，在地址栏中输入腾讯的网址。
2. 如图 6-6 所示，下载 QQ 聊天软件的安装包，并将其保存在"文档"文件夹中。

· 98 ·

3. 按照提示安装 QQ 聊天软件。

4. 登录 QQ，将查找到的好友添加到"联系人"栏中。

图 6-6　下载 QQ 软件

任务 4　电子邮件

电子邮件给人们的通信带来了极大的便利，请在"QQ 邮箱"主页上申请免费的电子邮箱。并给朋友发一封电子邮件，将自己的几张近照打包，以附件的形式发送给对方。

操作要求：

1. 启动 Microsoft Edge 浏览器，在地址栏中输入"QQ 邮箱"的网址：https://mail.qq.com。
2. 在如图 6-7 所示的窗口中，按照提示完成电子邮箱的注册操作。
3. 使用注册的用户名和密码登录，打开电子邮箱的首页后，在"收件人"一栏中输入对方的电子邮件地址，在内容栏中输入有关内容。
4. 将已打包的照片添加到附件中，然后发送电子邮件。

图 6-7　注册邮箱

任务 5　注册微博账号并发一条微博

随着互联网的高速发展，微博也成为一种时尚的通信方式，尽管在一条微博中最多只能输入 140 个字，但是这些简短的语句却能形象地抒发用户的感受。请登录"新浪微博"主页，开通个人微博。

操作要求：

1. 启动 Microsoft Edge 浏览器，在地址栏中输入新浪微博的网址。
2. 在如图 6-8 所示的窗口中，按照提示完成新浪微博的注册操作。
3. 立即查看电子邮箱，按照提示激活"新浪微博"，注册成功。
4. 登录"新浪微博"后，尝试发一条微博。

图 6-8　注册微博账号

任务 6　利用维普考试服务平台检索全国计算机等级考试

参加全国计算机等级考试不仅能检验自身的计算机水平，还能在日后的求职简历中增添更多亮点。但是，很多学生对全国计算机等级考试的要求、时间、考查范围等缺乏了解，下面利用维普考试服务平台检索全国计算机等级考试的方法。

操作要求：

1. 启动谷歌浏览器，在地址栏输入网址"http://vers.cqvip.com"。
2. 在如图 6-9 所示的窗口中，单击"计算机类"按钮，进入题库列表。
3. 在题库列表当前界面，完成获取考试时间、获取大纲、查看该考试的基本要求和考查范围相关操作。
4. 进入"试卷库"，进行一次真题考试和模拟考试。

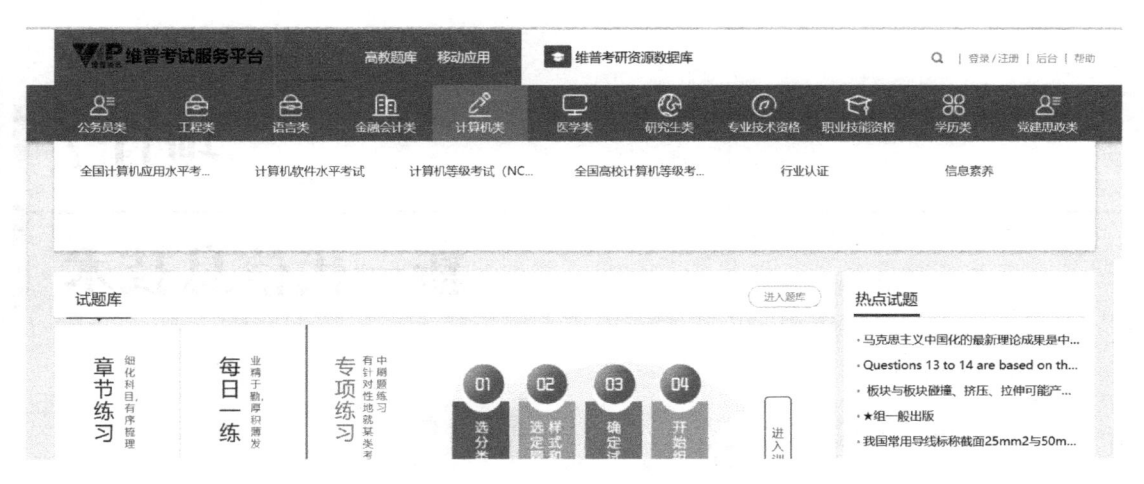

图 6-9 维普考试服务平台首页

项目 7

新一代信息技术

知识练习：标准化试题测试

一、单项选择题

1. 下列关于人工智能的说法，错误的是（　　）
   A. 计算机视觉、自然语言处理属于人工智能研究领域
   B. AlphaGo 战胜围棋世界冠军李世石是人工智能的具体应用
   C. 人工智能的研究目标是机器完全取代人类
   D. 人工智能技术必须尊重和保护人的隐私、身份认同、能动性和平等性
2. 能够将基础设施、平台、软件作为服务出租的技术是（　　）
   A. 云计算　　　　B. 大数据　　　　C. 人工智能　　　　D. 物联网
3. （　　）是区块链最核心的内容。
   A. 合约层　　　　B. 应用层　　　　C. 共识层　　　　D. 网络层
4. （　　）是区块链最早的一个应用，也是最成功的一个大规模应用。
   A. 以太坊　　　　B. 联盟链　　　　C. 比特币　　　　D. Rscoin
5. （　　）能够为金融行业和企业提供技术解决方案。
   A. 以太坊　　　　B. 联盟链　　　　C. 比特币　　　　D. Rscoin
6. 提取隐含在数据中的、人们事先不知道的但又是潜在有用的信息和知识，这是在描述（　　）技术。
   A. 数据清洗　　　B. 数据收集　　　C. 数据展示　　　D. 数据分析与挖掘
7. SaaS 是（　　）的简称。
   A. 软件即服务　　　　　　　　　　B. 平台即服务
   C. 基础设施即服务　　　　　　　　D. 硬件即服务
8. 通过平台为客户提供服务的云计算服务类型是（　　）。
   A. IaaS　　　　　B. PaaS　　　　　C. SaaS　　　　　D. 3 个都不正确
9. 下列关于 5G 技术的叙述中，错误的是（　　）
   A. 数据传输速率达到 Gbps 级，能更好地满足高清视频等数据传输需求

B．网络时延在 1 毫秒左右，能更好地满足自动驾驶、远程医疗等实时应用

C．超大网络容量，能更好地满足物联网的通信需求

D．5G 信号频率高，穿透力强，相对 4G 技术所需基站数量较少

10．物联网的体系结构主要由（　　）层、网络层和应用层共 3 个层次组成。

A．感知　　　　　　B．设备　　　　　　C．软件　　　　　　D．系统

实训操作：实训操作测试

任务 1　在阿里云上定制 ECS 服务

阿里云是全球领先的云计算及人工智能科技公司，致力于以在线公共服务的方式，提供安全、可靠的计算和数据处理能力，让计算和人工智能成为普惠科技。阿里云提供云服务器、云数据库、云安全、云企业应用等云计算服务，以及大数据、人工智能服务、精准定制基于场景的行业解决方案等。下面以定制 ECS 服务为例，体验阿里云的使用。

步骤 1：登录阿里云官网（https://www.aliyun.com），进入阿里云网站主界面，如图 7-1 所示。可以看到，阿里云提供众多服务，包括弹性计算、存储、数据库、安全、大数据、人工智能等。

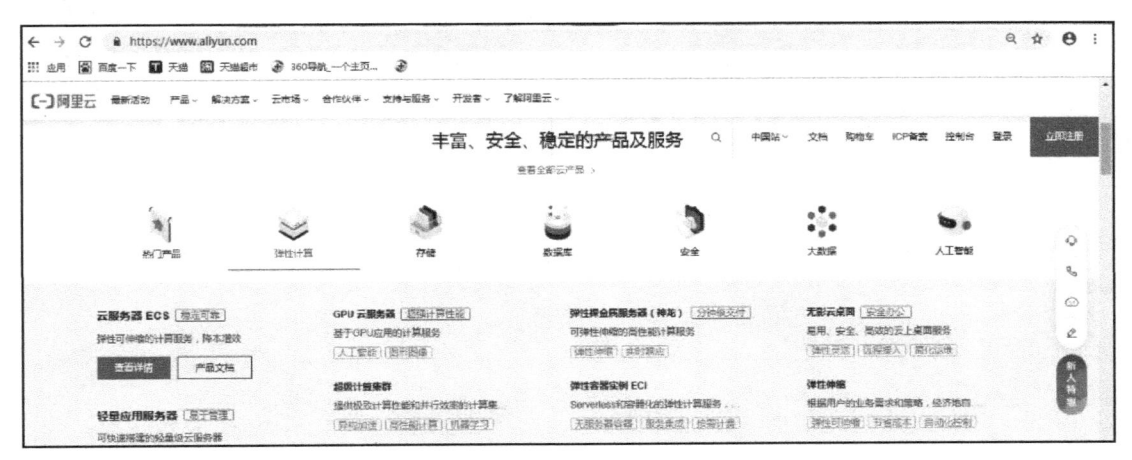

图 7-1　阿里云网站主界面

步骤 2：单击主界面左侧服务列表中"弹性计算"类别下的"云服务器 ECS"，打开"云服务器 ECS"界面。

步骤 3：拖动界面右侧的滚动条，在"云服务器 ECS"界面的"产品规格"区域中可以了解阿里云提供的云服务器产品类型，有入门级、企业级两种，其中，企业级中有通用型、计算型、内存型、大数据型、GPU 型……单击某个产品类型，并根据实际需求选择云服务器的地域、系统盘、带宽和购买时长，其下方会即时显示相应的价格，如图 7-2 所示。

步骤 4：单击"立即购买"按钮，然后按照提示登录并验证阿里云账号。

步骤 5：完成付款后，即可成功在阿里云上定制 ECS 服务。用户就可以在购买的阿里云服务器上进行网站部署或者重要资料存放等。

图 7-2 定制云服务器

项目 8

图形图像处理基础（拓展项目）

知识练习

一、单项选择题

1. Photoshop 作图过程中使用快速填充前景色的快捷键是（　　）。
   A．Alt+Delete 键　　　　　　　　B．Ctrl+Delete 键
   C．Shift+Delete 键　　　　　　　D．窗口键+Delete 键
2. 可以快速弹出"颜色"面板的快捷键是（　　）。
   A．F5　　　　B．F6　　　　C．F7　　　　D．F8
3. 复制当前图层中选区内的图像至剪贴板中的命令是（　　）。
   A．编辑/变换　　B．编辑/粘贴　　C．编辑/复制　　D．编辑/全选
4. 无论图像是何种模式，所有的滤镜都不可以使用（　　）。
   A．CMYK　　　B．灰度　　　C．多通道　　　D．索引颜色
5. Alpha 通道相当于几位的灰度图（　　）。
   A．4 位　　　B．8 位　　　C．16 位　　　D．32 位
6. 用于印刷的 Photoshop 图像文件必须设置为（　　）色彩模式。
   A．RGB　　　B．灰度　　　C．CMYK　　　D．黑白位图
7. 下列哪个是 Photoshop 图像最基本的组成单元（　　）。
   A．节点　　　B．色彩空间　　C．像素　　　D．路径
8. 下面哪种色彩模式色域最大（　　）。
   A．HSB 模式　　B．RGB 模式　　C．CMYK 模式　　D．Lab 模式
9. 索引颜色模式的图像包含多少种颜色（　　）。
   A．2　　　　B．256　　　　C．约 65,000　　　D．1670 万
10. 以下可以编辑路径的工具有（　　）。
    A．钢笔　　　　　　　　　　　　B．铅笔
    C．直接选择工具　　　　　　　　D．磁性钢笔工具

11. 如何复制一个图层（　　）。
    A．选择"编辑"→"复制"
    B．选择"图像"→"复制"
    C．选择"文件"→"复制图层"
    D．将图层拖放到"图层"面板下方创建新图层的图标上
12. 按键盘上的（　　）组合键可以保存文件。
    A．Ctrl+N　　　B．Ctrl+A　　　C．Ctrl+S　　　D．Ctrl+O
13. 使用（　　）工具可以在图像中绘制圆形或椭圆形选区。
    A．椭圆　　　　B．圆形　　　　C．矩形　　　　D．椭圆选框
14. 下列哪种文件格式不支持无损压缩（　　）。
    A．PNG　　　　B．JPEG　　　　C．PHOTOSHOP　　D．GIF
15. CMYK 模式的图像有多少个颜色通道（　　）。
    A．1　　　　　B．2　　　　　C．3　　　　　D．4
16. 要使某图层与其下面的图层合并可按（　　）快捷键。
    A．Ctrl+K　　　B．Ctrl+D　　　C．Ctrl+E　　　D．Ctrl+J
17. 在 Photoshop 中，切换屏幕模式的快捷键是（　　）。
    A．Tab　　　　B．F　　　　　C．Shift+F　　　D．Shift+Tab
18. 如果想在现有选择区域的基础上增加选择区域，应按住下列哪个键（　　）。
    A．Shift　　　B．Ctrl　　　　C．Alt　　　　　D．Tab
19. 使用以下快捷方式中可以改变图像大小的是（　　）。
    A．Ctrl+T　　　B．Ctrl+Alt　　C．Ctrl+S　　　D．Ctrl+V
20. 以下显示方式中，显示比例为 100%的是（　　）。
    A．实际像素　　B．打印尺寸　　C．满画布　　　D．满屏

二、判断题

1. 在拼合图层时，会将暂不显示的图层全部删除。（　　）
2. 在 Photoshop 中，配合 Shift 键可以增加选择区域。（　　）
3. RGB 颜色模式可存放 256 种颜色。（　　）
4. 图像分辨率的单位是 dpi。（　　）
5. Photoshop 中 CMYK 和灰度两种模式都能用于印刷。（　　）
6. Photoshop 的 HSB 模式中 H、S、B 分别代表色相、饱和度和明度。（　　）
7. Photoshop 只能存储像素信息，而不能存储矢量数据。（　　）
8. Photoshop 中从打开着的文件上可以看出文件的分辨率。（　　）
9. 在 Photoshop 系统中绘制的图像或打开的图片都是位图，适合制作细腻、轻柔缥缈的特殊效果。（　　）
10. JPG 格式是一种合并图层且压缩比率非常卓越的文件存储格式。（　　）

实训操作

任务1　打造完美肌肤

任务要点：学习使用多种修图工具修复人物照片。使用缩放工具调整图像大小，使用红眼工具去除人物红眼，使用污点修复画笔工具修复雀斑和痘印，使用修补工具修复眼袋和颈部皱纹，使用仿制图章工具修复项链，效果如图 8-1 所示。

操作要求：

相关素材在教学资源包文件夹中。
（1）修复画面不完美的区域。
（2）调整色彩搭配，美化画面色调。
（3）增加照片的氛围感，使画面的对比更突出，更有视觉效果。
本题的最终效果如图 8-1 所示。

图 8-1　修复人物照片

任务2　制作花卉书籍封面

任务要点：

使用"新建参考线"命令添加参考线，使用"置入"命令置入图片，使用"剪切蒙版"命令和矩形工具制作图像显示效果，使用文字工具添加文字信息，使用钢笔工具和直线工具添加装饰图案，使用图层混合模式选项更改图像的显示效果，如图 8-2 所示。

操作要求：

相关素材在"教学资源包"文件夹中。

（1）广告设计要求体现出花艺艺术的特点。
（2）以实景照片作为封面的背景底图，文字与图片搭配合理具有美感。
（3）要求围绕照片进行色彩设计搭配，达到舒适自然的效果。
（4）整体的感觉要求时尚美观，并且体现出书籍的专业性。
（5）设计规格为391mm（宽）×266mm（高），分辨率为150像素/英寸。

本题的最终效果如图8-2所示。

图8-2　花卉书籍封面

计算机基础知识模拟题

单项选择题

1. 硬盘是计算机的（　　）。
   A．控制器　　　　B．外存储器　　　　C．中央处理器　　　　D．内存储器
2. 多媒体技术的基本特征是（　　）。
   A．具有处理文稿的能力　　　　B．具有处理文字、声音、图像的能力
   C．以显示器作为主要工作设备　　　　D．以光盘驱动器作为主要工作设备
3. 微计算机的性能指标主要取决于（　　）。
   A．RAM　　　　B．CPU　　　　C．硬盘　　　　D．显示器
4. 目前防病毒软件的作用是（　　）。
   A．清除已感染的所有的病毒　　　　B．查出所有已感染的病毒
   C．查出并清除所有的病毒　　　　D．查出已知的病毒和清除部分病毒
5. 要给对方发电子邮件，必须知道对方的（　　）。
   A．E-mail 地址　　　　B．电话号码　　　　C．网址　　　　D．邮政编码
6. 在 Internet 的公共匿名 FTP 文件服务器中，通常不提供的服务是（　　）。
   A．商业软件　　　　B．自由软件　　　　C．共享软件　　　　D．多媒体数据软件
7. 在计算机网络中，常用的有线通信介质包括有（　　）。
   A．双绞线，同轴电缆和光缆　　　　B．光缆和微波
   C．红外线，双绞线，同轴电缆　　　　D．卫星，光缆和微波
8. 计算机病毒是可以造成机器故障的（　　）。
   A．一种计算机芯片　　　　B．一种计算机设备
   C．一种计算机程序　　　　D．一种计算机部件
9. 操作系统的作用是（　　）。
   A．解释执行源程序　　　　B．编译源程序
   C．进行编码转换　　　　D．控制和管理系统资源
10. 在下列设备中，不能作为微型计算机输出设备的是（　　）。
    A．打印机　　　　B．显示器　　　　C．绘图仪　　　　D．键盘
11. 微型计算机的性能主要取决于（　　）。
    A．RAM 的存储器　　　　B．微处理器的性能
    C．主存储器的质量　　　　D．硬盘的存储容量
12. 下列有关计算机的叙述中，不正确的是（　　）。
    A．操作系统属于系统软件
    B．操作系统只负责管理内存储器，而不管理外存储器
    C．UNIX 是一种操作系统
    D．计算机的处理器、内存等硬件资源也由操作系统管理

13. 目前计算机的应用领域大致分为三个方面,下列答案中正确的是（　　）。
    A. 计算机辅助教学　专家系统　人工智能
    B. 工程计算　数据结构　文字处理
    C. 实时控制　科学计算　数据处理
    D. 数据处理　人工智能　操作系统
14. 计算机系统包括（　　）。
    A. 硬件系统和软件系统　　　　　　B. 主机和外设
    C. 硬件系统和应用软件　　　　　　D. 微处理器和输入/输出设备
15. 在传统的计算机时代中,第三代计算机的逻辑器件采用的是（　　）。
    A. 晶体管　　　　　　　　　　　　B. 中小规模集成电路
    C. 大规模集成电路　　　　　　　　D. 微处理器集成电路
16. 下列不属于网络拓扑结构形式的是（　　）。
    A. 分支　　　　B. 总线　　　　C. 星形　　　　D. 环形
17. 计算机网络目标是实现（　　）。
    A. 数据处理　　　　　　　　　　　B. 提高处理速度
    C. 资源共享和数据传输　　　　　　D. 增加存储容量
18. 一张软盘设置写保护后只能进行读操作,一般情况下（　　）。
    A. 病毒不能侵入　　　　　　　　　B. 病毒能够侵入
    C. 能够向磁盘存入信息　　　　　　D. 能够修改磁盘里的文件
19. 操作系统具有的功能是（　　）。
    A. 处理器处理　存储器管理　设备管理　文件管理
    B. 运算器管理　控制器管理　打印机管理　磁盘管理
    C. 硬盘管理　软盘管理　存储器管理　文件管理
    D. 程序管理　文件管理　编译管理　设备管理
20. 操作系统的主要功能是（　　）。
    A. 扩充计算机的功能
    B. 实行多用户及分布式
    C. 对硬件资源进分配、控制、调度和回收
    D. 对计算机系统的所有资源进行控制与管理
21. 在计算机领域中通常用 MIPS 来描述（　　）。
    A. 计算机的可运行性　　　　　　　B. 计算机的运算速度
    C. 计算机的可靠性　　　　　　　　D. 计算机的可扩充性
22. 计算机能够直接执行的语言是（　　）。
    A. 机器语言　　　B. 汇编语言　　　C. 高级语言　　　D. 人工智能语言
23. 计算机中所有信息的存储都采用（　　）。
    A. 二进制　　　　B. 八进制　　　　C. 十进制　　　　D. 十六进制
24. 目前普遍使用的微型计算机,所采用的逻辑器件是（　　）。
    A. 电子管　　　　　　　　　　　　B. 大规模集成电路和超大规模集成电路
    C. 晶体管　　　　　　　　　　　　D. 小规模集成电路
25. 在 Internet 上的每一台计算机可有一个域名,用来区别网上的每一台计算机,在域名

中最高域名为地区代码，中国的地区代码头为（　　）。

  A．cn   B．china   C．chinese   D．cc

26．在组建局域网时，除了作为服务器和工作站的计算机和传输介质外，每台计算机上还应配置（　　）。

  A．网络适配器（网卡）   B．网关

  C．Modem   D．路由器

27．通常情况下，一张 CD—ROM 盘片可存放的字节数是（　　）。

  A．640KB   B．640MB   C．1024KB   D．512KB

28．微型计算机的内存储器是（　　）。

  A．按十进制位编制   B．按字节编制

  C．按字长编制   D．按位编制

29．在微机的硬件设备中，既可以做输出设备，又可以做输入设备的是（　　）。

  A．绘图仪   B．扫描仪

  C．手写笔   D．磁盘驱动器

30．ASCII 码是（　　）。

  A．国标码   B．二一十进制编码

  C．二进制编码   D．美国国家标准信息交换码

31．微型计算机外（辅）存储器是指（　　）。

  A．ROM   B．RAM   C．CACHE   D．磁盘

32．个人计算机属于（　　）。

  A．巨型机   B．小型计算机   C．微型计算机   D．巨型计算机

33．调制解调器（Modem）是电话拨号上网的主要硬件设备，它的作用主要是（　　）。

  A．只能将计算机输出的数字信号转换成模拟信号，以便发送

  B．只能将输入模拟信号转换成计算机输出的数字信号，以便接收

  C．将数字信号和模拟信号相互转换，以便计算机发送和接收

  D．为了拨号上网时，上网和接收电话两不误

34．计算机网络按其覆盖的范围，可划分为（　　）。

  A．以太网和移动通信网   B．电路交换网和分组交换网

  C．局域网，城域网和广域网   D．星形结构，环形结构和总线型结构

35．计算机病毒通常是可以造成计算机故障的（　　）。

  A．一段程序代码   B．一个命令   C．一个文件   D．一个标记

36．下列叙述中，正确的选项是（　　）。

  A．计算机系统由硬件系统和软件系统组成

  B．程序语言处理系统是常用的应用软件

  C．CPU 可以直接读写外部存储器中的数据

  D．汉字的机内码与汉字的国标码是一种代码的两种名称

37．在计算机存储器的术语中，一个"Byte"包括 8 个（　　）。

  A．字母   B．字节   C．字长   D．比特

38．在衡量计算机的主要指标中，一般通过主频和每秒百万指令数（MIPS）两个指标来加以评价的计算机性能是（　　）。

A．价格　　　　　B．速度　　　　　C．可靠性　　　　　D．性能/价格比
39．操作系统是计算机系统的（　　　）。
　　A．核心的软件系统　　　　　　　B．关键的硬件部件
　　C．广泛使用的应用软件　　　　　D．外部设备
40．早期的计算机主要用来进行（　　　）。
　　A．科学计算　　　　　　　　　　B．自动控制
　　C．动画设计　　　　　　　　　　D．系统仿真
41．计算机硬件的五大基本构件包括：运算器、存储器、输入设备、输出设备和（　　　）。
　　A．显示器　　　B．控制器　　　C．磁盘驱动器　　　D．鼠标器
42．在传统的计算机时代中，第三代计算机的硬件逻辑元件为（　　　）。
　　A．晶体管　　　　　　　　　　　B．中、小规模集成电路
　　C．大规模集成电路　　　　　　　D．超大规模集成电路
43．下列描述中，正确的是（　　　）。
　　A．1KB=1024×1024Bytes　　　　 B．1KB=1000Bytes
　　C．1MB=1024×1024Bytes　　　　 D．1MB=1024Bytes
44．下列有关 USB 接口的说法中，正确的是（　　　）。
　　A．USB 采用并行接口的方式，数据传输率很高
　　B．USB 接口的最大传输距离为 5 米
　　C．USB 接口的外观为一圆形
　　D．USB 接口可用于热拔插某些设备
45．微机必不可少的输入/输出设备是（　　　）。
　　A．键盘和鼠标器　　　　　　　　B．键盘和显示器
　　C．显示器和打印机　　　　　　　D．鼠标器和打印机
46．计算机病毒是一种（　　　）。
　　A．人为编制的特殊程序　　　　　B．无法正常运行的程序
　　C．特殊的计算机设备　　　　　　D．磁盘里的程序碎片
47．要访问某个公司的网站，必须知道该公司的（　　　）。
　　A．E-mail 地址　　B．邮政编码　　C．电话号码　　　D．网址
48．计算机运算器的主要功能是（　　　）。
　　A．负责读取并分析指令　　　　　B．存放运算结果
　　C．指挥和控制计算机的运行　　　D．算术运算和逻辑运算
49．计算机的主存储器可以分为（　　　）。
　　A．只读存储器和随机存储器　　　B．硬盘存储器和软盘存储器
　　C．磁盘存储器和光盘存储器　　　D．内存储器和外存储器
50．计算机采用的主机电子器件的发展顺序是（　　　）。
　　A．晶体管、电子管、中小规模集成电路、大规模和超大规模集成电路
　　B．电子管、晶体管、中小规模集成电路、大规模和超大规模集成电路
　　C．晶体管、电子管、集成电路、芯片
　　D．电子管、晶体管、集成电路、芯片
51．专门为某种用途而设计的计算机，称为（　　　）计算机。

A．专用　　　　　B．通用　　　　　C．特殊　　　　　D．模拟

52．CAM 的含义是（　　）。
A．计算机辅助设计　　　　　B．计算机辅助教学
C．计算机辅助制造　　　　　D．计算机辅助测试

53．以下名称是手机中的常用软件，属于系统软件的是（　　）。
A．手机 QQ　　　B．Android　　　C．Skype　　　D．微信

54．计算机操作系统通常具有的五大功能是（　　）。
A．CPU 管理、显示器管理、键盘管理、打印机管理和鼠标器管理
B．硬盘管理、软盘驱动器管理、CPU 的管理、显示器管理和键盘管理
C．处理器（CPU）管理、存储管理、文件管理、设备管理和作业管理
D．启动、打印、显示、文件存取和关机

55．造成计算机中存储数据丢失的原因主要是（　　）。
A．病毒侵蚀、人为窃取　　　　B．计算机电磁辐射
C．计算机存储器硬件损坏　　　D．以上全部

56．下列选项不属于"计算机安全设置"的是（　　）。
A．定期备份重要数据　　　　　B．不下载来路不明的软件及程序
C．停掉 Guest 账号　　　　　　D．安装杀（防）毒软件

57．已知英文字母 m 的 ASCII 码值为 6DH，那么 ASCII 码值为 71H 的英文字母是（　　）。
A．M　　　　　B．j　　　　　C．P　　　　　D．q

58．计算机的系统总线是计算机各部件间传递信息的公共通道，它分（　　）。
A．数据总线和控制总线　　　　B．数据总线、控制总线和地址总线
C．地址总线和数据总线　　　　D．地址总线和控制总线

59．对声音波形采样时，采样频率越高，声音文件的数据量（　　）。
A．越小　　　　B．越大　　　　C．不变　　　　D．无法确定

60．在计算机应用领域中，CAD 的含义是（　　）。
A．计算机辅助测试　　　　　B．计算机辅助制造
C．计算机辅助教学　　　　　D．计算机辅助设计

计算机基础知识练习题答案

1. B　2. B　3. B　4. D　5. A　6. A　7. A　8. C　9. D　10. D
11. B　12. B　13. C　14. A　15. B　16. A　17. C　18. A　19. A　20. D
21. B　22. A　23. A　24. B　25. A　26. A　27. B　28. B　29. D　30. D
31. D　32. C　33. C　34. C　35. A　36. A　37. D　38. B　39. A　40. A
41. B　42. C　43. C　44. D　45. A　46. A　47. D　48. D　49. A　50. B
51. A　52. C　53. B　54. C　55. D　56. C　57. D　58. B　59. B　60. D

全国计算机等级考试（一级）
实操模拟题一

一、基本操作

1. 将实操模拟一文件夹下 AAA 文件夹中的文件 ZHUCE.BAS 删除。
2. 将实操模拟一文件夹下 BBB 文件夹中的文件 BOYABLE.DOC 复制到同一文件夹下，并命名为 SYAD.DOC。
3. 在实操模拟一文件夹下 CCC 文件夹中新建一个文件夹 RESTICK。
4. 将实操模拟一文件夹下 DDD 文件夹中的文件 PRODUCT.WRI 设置为只读属性，并撤销该文档的存档属性。
5. 将实操模拟一文件夹下 EEE 文件夹中的文件 XIAN.FPT 重命名为 YANG.FPT。

二、上网

1. 某模拟网站的地址为 HTTP://LOCALHOST/index.html，打开此网站，找到关于最强选手"王涛"的页面，将此页面另存到实操模拟一文件夹下，文件名为"WangTao"，保存类型为"网页，仅 HTML(*.htm; *.html)"，再将该页面上有王涛人像的图像另存到实操模拟一文件夹下，文件命名为"Photo"，保存类型为"JPEG(*.JPG)"。
2. 接收并阅读来自朋友小明的邮件（xiaoming@163com），主题为"生日快乐"。将邮件中的附件"生日贺卡.jpg"保存到实操模拟一文件夹下，并回复该邮件，回复内容为"贺卡已收到，谢谢你的祝福，期盼不久后相见！"。

三、字处理

在实操模拟一文件夹下，打开文档 WORD.DOCX，按照要求完成下列操作并以该文件名（WORD.DOCX）保存文档。

1. 将标题段（"模型变量构建"）的文本效果设置为内置样式"填充-蓝色，着色 1，阴影"，并修改其阴影效果为"左上对角透视"、阴影颜色为蓝色（标准色）；将标题段文字设置为二号、微软雅黑、加粗、居中，文字间距加宽 2.2 磅。
2. 将正文各段文字（"基于图 3.1……如表 3.1 所示："）设置为小四号宋体，段落格式设置为 1.26 倍行距、段前间距 0.3 行，首行缩进 2 字符；为正文第三、四、五段（"个人认知……三个因素进行分析。"）添加新定义的项目符号"✈"（Wingdings 字体中）；在第六段（"综上，……如图 3.2 所示："）后插入实操模拟一文件夹下的图片"图 3.2"，设置图片大小缩放:高度 80%，宽度 80%，文字环绕为"上下型"，图片居中。
3. 在页面底端插入"普通数字 2"样式页码，设置页码编号格式为"-1-、-2-、-3-、……"、起始页码为"-5-"；在页面顶端插入"空白"型页眉，页眉内容为"学位论文"，为页面添加文字水印"传阅"。

4．将文中最后 12 行文字转换成一个 12 行 4 列的表格，合并第一列的第 2～6、7～9、10～12 单元格；第一行所有文字设置为字号：小四、字体：华文新魏、内容水平居中；设置表格居中，表格中第一列、第四列内容水平居中；设置表格第四列的列宽为 2.2 厘米。

5．设置表格外框线和第一、二行间的内框线为红色（标准色）1.5 磅单实线，其余内框线为红色（标准色）0.75 磅单实线；为单元格填充底纹："金色，个性色 4，淡色 80%"。

四、电子表格

打开实操模拟一文件夹下的 EXCEL.XLSX 工作簿文件，按照下列要求完成对此表格的操作并保存。

1．将 Sheet1 工作表更名为"产品销售情况表"，然后将工作表的 A1:N1 单元格合并为一个单元格，内容居中对齐；利用 SUM 函数计算 A 产品、B 产品的全年销售总量（数值型，保留小数点后 0 位），分别置于 N3、N4 单元格内；计算 A 产品和 B 产品每月销售量占全年销售总量的百分比（百分比型，保留小数点后 2 位），分别置于 B5:M5、B6:M6 单元格区域内；利用 IF 函数给出"销售表现"行（B7:M7）的内容：如果某月 A 产品所占百分比大于 10%并且 B 产品所占百分比也大于 10%，在相应单元格内填入"优良"，否则填入"中等"，利用条件格式图标集中四等级修饰单元格 B3:M4 区域。

2．选取"产品销售情况表"工作表"月份"行（A2:M2）和"A 所占百分比"行（A5:M5）、"B 所占百分比"行（A6:M6）数据区域的内容建立"簇状柱形图"，图表标题为"产品销售统计图"，图例位于底部，设置图表数据系列 A 产品为纯色填充"蓝色，个性色 1，深色 25%"、B 产品为纯色填充"绿色，个性色 6，深色 25%"，将图表插入到当前工作表的"A9:J25"单元格区域内。

3．选择"图书销售统计表"工作表，对工作表内数据清单的内容按主要关键字"图书类别"的降序和次要关键字"季度"的升序进行排序，完成对各图书类别销售数量求和的分类汇总，汇总结果显示在数据下方，工作表的表名不变，保存 EXCEL.XLSX 工作簿。

五、演示文稿

打开实操模拟一文件夹下的演示文稿 yswg.pptx，按照下列要求完成对此文稿的修饰并保存。

1．为整个演示文稿应用"离子会议室"主题，设置全体幻灯片切换方式为"覆盖"，效果选项为"从左上部"，每张幻灯片的自动切换时间是 5 秒；设置幻灯片的大小为"宽屏(16:9)"；放映方式设置为"观众自行浏览（窗口）"。

2．将第 2 张幻灯片文本框中的文字，设置字体为"微软雅黑"，字体样式为"加粗"、字体大小为 24 磅，文字颜色设置成深蓝色（标准色），行距设置为"1.5 倍行距"。

3．在第 1 张幻灯片后面插入一张新幻灯片，版式为"标题和内容"，在标题处输入文字"目录"，在文本框中按顺序输入第 3 到第 8 张幻灯片的标题，并且添加相应幻灯片的超链接。

4．将第 7 张灯片的版式改为"两栏内容"，在右侧栏中插入一个组织结构图，结构如下图所示，设置该结构图的颜色为"彩色填充-个性色 2"。

5．为第 7 张幻灯片的结构图设置"进入"动画的"浮入"，效果选项为"下浮"，序列为"逐个级别"，左侧文字设置"进入"动画的"出现"，动画顺序是先文字后结构图。

6．在第 8 张幻灯片中插入考生文件夹中的"考核.JPG"图片，设置图片尺寸"高度 7 厘米"、"锁定纵横比"，设置位置为"水平 20 厘米"、"垂直 8 厘米"，均为"自左上角"，并为图片设置"强调"动画的"跷跷板"。

7．在最后一张幻灯片后面加入一张新幻灯片，版式为"空白"，设置第 9 张幻灯片的背景为"羊皮纸"纹理，插入样式为"渐变填充-淡紫，着色 1，反射"的艺术字，文字为"谢谢观看"，文字大小为 80 磅，文本效果为"半映像，4pt 偏移量"，并设置为"水平居中"和"垂直居中"。

实操模拟题二

一、基本操作

1. 将实操模拟二文件夹下 AAA\POPE 文件夹中的文件 CENT.PAS 设置为隐藏属性。
2. 将实操模拟二文件夹下 BBB\BAND 文件夹中的文件 GRASS.FOR 删除。
3. 在实操模拟二文件夹下 CCC 文件夹中建立一个新文件夹 COAL。
4. 将实操模拟二文件夹下 DDD\TEST 文件夹中的文件夹 SAM 复制到实操模拟二文件夹下的 EEE\CARD 文件夹中，并将文件夹改名为 HALL。
5. 将实操模拟二文件夹下 FFF\SUN 文件夹中的文件夹 MOON 移动到实操模拟二文件夹下的 GGG 文件夹中。

二、上网

1. 某模拟网站的主页地址是：HTTP://LOCALHOST/index/html，打开此主页，浏览"李白"页面，将页面中"李白"的图片保存到实操模拟二文件夹下，命名为"LIBAI.jpg"，查找"代表作"的页面内容并将它以文本文件的格式保存到实操模拟二文件夹下，命名为"LBDBZ.txt"。
2. 给刘鹏同学（lp@163.com）发送 E-mail，同时将该邮件抄送给周康老师（zk@sina.com）。
（1）邮件内容为"刘鹏：您好!现将资料发送给您，请查收。赵华"。
（2）将实操模拟二文件夹下的 kszl.txt 文件作为附件一同发送。
（3）邮件的"主题"栏中填写"资料"。

三、字处理

在实操模拟二文件夹下，打开文档 WORD.DOCX，按照要求完成下列操作并以该文件名(WORD.DOCX)保存。

1. 将文中所有错词"人声"替换为"人生"。将标题（"活出精彩搏出人生"）应用"标题 1"样式，并设置文字格式为小三号、隶书、段前段后间距均为 6 磅、单倍行距、居中；设置标题字体颜色为"橙色，个性色 6，深色 50%"，文本效果为"映像/映像变体/紧密映像：4pt 偏移量"；修改标题阴影效果为内部/内部右上角，在"文件"菜单下编辑文档属性信息，将摘要选项卡中的作者改为 NCRER、单位为 NCRE、标题为活出精彩--搏出人生。
2. 设置纸张方向为"横向"；设置页边距为上下各 3 厘米，左右各 2.5 厘米，装订线位于左侧 3 厘米处，页眉页脚各距边界 2 厘米，每页 24 行；添加空白型页眉，键入文字"校园报"，设置页眉文字格式为小四号、黑体、深红色（标准色）、加粗；为页面添加水平文字水印"精彩人生"，文字颜色为橄榄色，个性色 3，淡色 80%。
3. 将正文一至二段（"人生在世，需要去……我终于学会了坚强。"）设置格式为小四号、楷体；首行缩进 2 字符，行间距为 1.15 倍；将文本（"人生在世，需要……我终于学会了坚强。"）分为等宽的 2 栏、栏宽为 28 字符，并添加分隔线；将文本（"记住该记住的，忘记该忘记的。改变能改变的，接受不能接受的。"）设置为黄色突出显示；在"校运动会奖牌排行榜"前面的空行处插入实操模拟二文件夹下的图片 picture1.jpg，设置图片高为 5 厘米，宽为 7.5 厘米，文字环绕为上下型，艺术效果为马赛克气泡、透明度 80%。

4. 将文中后 12 行文字转换为一个 12 行 5 列的表格，文字分隔位置设为"空格"；设置表格列宽为 2.5 厘米，行高为 0.5 厘米；将表格第一行合并为一个单元格，内容居中；为表格应用样式"网格表 4-着色 2"，设置表格整体居中。

5. 将表格第一行文字（"校运动会奖牌排行榜"）设置格式为小三号、黑体、字间距加宽 1.5 磅；统计各班金、银、铜牌合计，各类奖牌合计填入相应的行和列；以金牌为主要关键字、降序，银牌为次要关键字、降序，铜牌为第三关键字、降序，对 9 个班进行排序。

四、电子表格

打开实操模拟二文件夹下的电子表格 Excel.xlsx，按照下列要求完成对此电子表格的操作并保存。

1. 选择 Sheet1 工作表，将 A1:H1 单元格合并为一个单元格，文字居中对齐，使用智能填充为"工号"列中的空白单元格添加编号。利用 IF 函数，根据"绩效评分奖金计算规则"工作表中的信息计算"奖金"列（F3:F100 单元格区域）的内容；计算"工资合计"列（G3:G100 单元格区域）的内容（工资合计=基本工资+岗位津贴+奖金）；利用 IF 函数计算"工资等级"列（H3:H100 单元格区域）的内容（如果工资合计大于或等于 19000 为"A"、大于或等于 16000 为"B"，否则为"C"）；利用 COUNTIF 函数计算各组的人数并置于 K5:K7 单元格区域，利用 AVERAGEIF 函数计算各组奖金的平均值并置于 L5:L7 单元格区域（数值型，保留小数点后 0 位）；利用 COUNTIFS 函数分别计算各组综合表现为 A、B 的人数并分别置于 K11:K13 和 M11:M13 单元格区域；计算各组内 A、B 人数所占百分比并分别置于 L11:L13 和 N11:N13 单元格区域（均为百分比型，保留小数点后 2 位）。利用条件格式将"工资等级"列单元格区域值内容为"C"的单元格设置为"深红"（标准色）、"水平条"填充。

2. 选取 Sheet1 工作表中统计表 2 中的"组别"列（J10:J13）、"A 所占百分比"列（L10:L13）、"B 所占百分比"列（N10:N13）数据区域的内容建立"堆积柱形图"，图表标题为"工资等级统计图"，位于图表上方，图例位于底部；系列绘制在主坐标轴，系列重叠 80%，设置坐标轴边界最大值为 1.0；为数据系列添加"轴内侧"数据标签，设置"主轴主要水平网格线"和"主轴次要水平网格线"，将图表插入到当前工作表的"J16:N30"单元格区域内，将 Sheet1 工作表命名为"人员工资统计表"。

3. 选取"产品销售情况表"工作表内数据清单的内容，按主要关键字"产品类别"的降序次序和次要关键字"分公司"的升序次序进行排序（排序依据均为"数值"），对排序后的数据进行高级筛选（在数据清单前插入四行，条件区域设在 A1:G3 单元格区域，请在对应字段列内输入条件），条件是：产品名称为"笔记本电脑"或"数码相机"且销售额排名在前 30（小于或等于 30），工作表的表名不变，保存 EXCEL.XLSX 工作簿。

五、演示文稿

打开实操模拟二文件夹下的演示文稿 yswg.pptx，按照下列要求完成对此文稿的修饰并保存。

1. 在第一张幻灯片前插入 1 张新幻灯片，设置幻灯片大小为"全屏显示（16:9）"，为整个演示文稿应用"离子会议室"主题，放映方式为"观众自行浏览"；除了标题幻灯片外其他每张幻灯片中的页脚插入"晶泰来水晶吊坠"七个字。

2. 第一张幻灯片的版式设置为"标题幻灯片"；主标题为"产品策划书"，副标题为"晶泰来水晶吊坠"，主标题字体设置为华文行楷、80 磅，副标题的字体设置为楷体、加粗、34 磅，为副标题设置"进入/浮入"的动画效果，效果选项为"下浮"。

3. 第二张幻灯片的版式设置为"两栏内容"；将实操模拟二文件夹下的图片文件 shuijingl.jpg 插入到幻灯片右侧的内容区，设置图片样式为"金属框架"，图片效果为"发光/紫色，8pt 发光，个性色 6"。设置图片动画为"进入/十字形扩展"，效果选项为"切出"，图片动画"开始"为"上一动画之后"；设置左侧内容文字动画为"强调/跷跷板"；设置标题动画为"进入/基本缩放"，效果选项为"从屏幕中心放大"；动画顺序是先标题、内容文本，最后是图片。

4. 设置第三张幻灯片的版式为"内容与标题"；在左侧标题下方的文本框中输入文字"水晶饰品越来越受到人们的喜爱"，设置字体为"微软雅黑"，大小为 16 磅。将幻灯片右侧文本框中的文字转换为"垂直项目符号列表"版式的 SmartArt 图形，并设置其动画效果为"进入/飞入"，效果选项的方向为"自右侧"，序列为"逐个"。

5. 设置第四张幻灯片的版式为"两栏内容"；将实操模拟二文件夹下的图片文件 shuijing2.jpg 插入到幻灯片右侧的内容区，设置图片尺寸为"高度 8 厘米""锁定纵横比"。设置图片位置为水平 13 厘米、垂直 5 厘米，均为自"左上角"；并为图片设置动画效果"进入/浮入"，效果选项设为"下浮"。

6. 设置第五张幻灯片的版式为"标题和内容"；将幻灯片文本框中的文字转换为"基本日程表"版式的 SmartArt 图形，并设置样式为"优雅"。设置 SmartArt 图形的动画效果为"进入/弹跳"，序列为"逐个"；设置标题动画为"进入/圆形扩展"，效果选项为"菱形"，动画"开始"为"上一动画同时"；动画顺序是先标题后图形。

7. 设置第 1、3、5 张幻灯片切换效果为"揭开"，效果选项为"从右下部"，设置第 2、4 张幻灯片切换效果为"梳理"，效果选项为"垂直"。

实操模拟题三

一、基本操作

1．将实操模拟三文件夹下 AAA\WANG 文件夹中的文件 BOOK.PRG 移动到实操模拟三文件夹下 CCC 文件夹中，并将该文件改名为 TEXT.PRG。

2．将实操模拟三文件夹下 BBB 文件夹中的文件 JIANG.TMP 删除。

3．将实操模拟三文件夹下 FFF 文件夹中的文件 SONG.FOR 复制到实操模拟三文件夹下 CCC 文件夹中。

4．在实操模拟三文件夹下 DDD 文件夹中建立一个新文件夹 YANG。

5．将实操模拟三文件夹下 EEE\DENG 文件夹中的文件 OWER.DBF 设置为隐藏属性。

二、上网

1．某模拟网站的主页地址是：HTTP://LOCALHOST/index.html，打开此主页，浏览"杜甫"页面，查找"代表作"的页面内容并将它以文本文件的格式保存到实操模拟三文件夹下，命名为"DFDBZ.txt"。

2．向 lp@163.com 发送邮件，并抄送 jjgl@qq.com，邮件内容为："刘老师：根据学校要求，请按照附件表格要求填写信息，并于 3 日内返回，谢谢！"，同时将文件"统计.xlsx"作为附件一并发送。将收件人 lp@163.com 保存至通信簿，联系人"姓名"栏填写"刘鹏"。

三、字处理

1．在实操模拟三文件夹下，打开文档 WORD.docx，按照要求完成下列操作并以该文件名（WORD.docx）保存文档。

（1）将文中所有错词"中朝"替换为"中超"；将标题段文字（"中超第 27 轮前瞻"）设置格式为小二号、蓝色（标准色）、微软雅黑字体、居中对齐，添加浅绿色（标准色）底纹，发光效果设为"发光变体/橙色，5pt 发光，个性色 6"，字体颜色的渐变效果设置为"变体/从左下角"，将标题段文字宽度调整为 10 个字符，设置其段前间距、段后间距均为 0.5 行。

（2）自定义页面纸张大小为"19.5 厘米（宽）*27 厘米（高度）"；设置页面左、右边距均为 3 厘米；在页面底端插入"星型"页码，设置页码编号格式为"甲，乙，丙"，起始页码为"丙"；将页面颜色的填充效果设置为"图案/小纸屑，前景颜色/水绿色、个性色 5、淡色 80%，背景颜色/橙色、个性色 6、淡色 80%"，为页面添加 1 磅、深红色（标准色）、"方框"型边框，编辑文档属性信息：标题/中超第 27 轮前瞻，单位/NCRE；插入边线型页眉，输入页眉内容"体育新闻"，插入内置"花丝"封面，封面文档标题、公司名称分别为文档属性信息中的标题和单位，日期为"2021-12-2"，公司地址为"北京市海淀区"。

（3）设置正文各段落（"北京时间……目标。"）左、右各缩进 1 个字符、段前间距为 0.5

行，字体为深红（标准色）、黑体；设置正文第一段（"北京时间……产生。"）首字下沉 2 行（距正文 0.2 厘米），正文其余段落（"6 日下午……目标。"）首行缩进 2 字符；将正文第三段（"5 日下午……目标。"）分为等宽 3 栏，并添加栏间分隔线。

（4）将文中最后 8 行文字转换成一个 8 行 6 列的表格，设置表格列宽（除第二列外）为 1.5 厘米，第二列列宽为 3 厘米，所有行高为 0.7 厘米，表格中所有单元格的左右边距均为 0.25 厘米；设置表格居中，表格中所有文字内容居中并加粗、所有单元格垂直对齐方式为水平居中；在表标题（"2013 赛季……积分榜（前八名）"）行末尾插入脚注，脚注内容为"资料来源：北方网"，并设置标题段的段前间距为 1.5 行。

（5）在表格第四、五行之间插入一行，并输入各列内容分别为"4""贵州人和""10""11""5""41"；按"平"列依据"数字"类型降序排列表格内容；设置表格外框线为 0.75 磅红色（标准色）双窄线，内框线为 0.5 磅红色（标准色）单实线；删除表格左右两侧的外框线；设置表格第一行的底纹颜色为主题颜色"白色，背景 1，深色 25%"底纹。

四、电子表格

打开实操模拟三文件夹下的电子表格 Excel.xlsx 工作簿文件，按照下列要求完成对此表格的操作并保存。

1. 选择 Sheet1 工作表，将 A1:G1 单元格合并为一个单元格，文字居中对齐；按照表中规定的各部分成绩占总成绩的比例、利用公式计算"总成绩"列的内容（数值型，保留小数点后 1 位），利用 RANK.EQ 函数计算每个学生总成绩在所有学生总成绩中的排名（降序排列）并置于"成绩排名"列；利用 AVERAGEIF 函数计算每组学生每部分成绩的平均值并分别置于"基础知识部分"列（I3:I6）、"实践能力部分"列（J3:J6）、"表达能力部分"列（K3:K6）、"组平均成绩"列（L3:L6）内，均为数值型，保留小数点后 2 位；利用条件格式修饰 F3:F34 单元格区域，为总成绩值位列前 30%的单元格设置"绿填充色深绿色文本"；利用条件格式修饰 G3:G34 单元格区域，基于各自值设置所有单元格的格式为渐变填充数据条，颜色为"红色、个性色 2、淡色 60%"，条形图方向为"从右到左"。

2. 选取 Sheet1 工作表内"小组名"列（H2:H6）、"基础知识部分"列（I2:I6）、"实践能力部分"列（J2:J6）、"表达能力部分"列（K2:K6）、"组平均成绩"列（L2:L6）内数据区域的内容建立"簇状柱形图"，图例为"一组""二组""三组""四组"，图例位于顶部，修改垂直（值）轴边界最大值为 88，最小值为 70，刻度线"主要类型"为"交叉"，"次要类型"为"内部"，图表标题为"各部分平均成绩统计图"，将图表插入到当前工作表的 H8:L22 单元格区域，将 Sheet1 工作表命名为"学生成绩统计表"。

3. 选择"产品销售情况表"工作表，对工作表内数据清单的内容按主要关键字"季度"的升序和次要关键字"产品名称"的降序进行排序，对排序后的内容建立数据透视表，按行标签为"产品名称"，列标签为"季度"，求和项为"销售数量"布局，并置于现工作表的 H6:L16 单元格区域，工作表名不变，保存 Excel.xlsx 工作簿。

五、演示文稿

打开实操模拟三文件夹下的演示文稿 yswg.pptx，按照下列要求完成对此文稿的修饰并保存。

1. 为整个演示文稿应用"环保"主题，设置幻灯片的大小为"全屏显示（16:9）"，放映方式为"观众自行浏览"。

2. 在第一张幻灯片前插入版式为"空白"的新幻灯片，插入样式为"渐变填充-红色，着色4，轮廓-着色4"的艺术字"带薪年休假制度落实难"，设置艺术字的字体大小为66磅，艺术字文本效果为"转换/弯曲/双波形2"。设置艺术字的动画为"强调/加深"。

3. 将第二张幻灯片的版式改为"两栏内容"，标题为"黄金周人山人海之痛"，在右侧内容区中插入实操模拟三文件夹中图片ppt1.png，图片动画设置为"强调/变淡"。

4. 在第二张幻灯片后插入版式为"标题和内容"的新幻灯片，标题设为"带薪年休假制度落实难的原因分析"，在内容区中插入4行2列的表格，第1行的第1～2列依次录入"方面"和"原因分析"，表格中其他单元格的内容从实操模拟三文件夹下的文本文件ppt1.txt中获取，表格所有单元格内容均按居中对齐和垂直居中对齐。

5. 在幻灯片最后插入一张版式为"空白"的幻灯片，插入一个SmartArt图形，设置版式为"聚合射线"，SmartArt样式为"优雅"，SmartArt图形中的所有文字从实操模拟三文件夹下的文本文件PPT2.txt中获取。SmartArt图形动画设置为"进入/飞入"。

6. 设置全体幻灯片切换方式为"百叶窗"，效果选项为"水平"。

实操模拟题一解析

一、基本操作

✎ 解题步骤

1．删除文件
（1）打开实操模拟一文件夹下 AAA 文件夹，选定 ZHUCE.BAS 文件。
（2）按 Delete 键，弹出"删除文件"对话框。
（3）单击"是"按钮，将文件（文件夹）删除到回收站。

2．复制文件和文件命名
（1）打开实操模拟一文件夹下 BBB 文件夹，选定 BOYABLE.DOC 文件。
（2）选择"编辑"|"复制"命令，或按快捷键 Ctrl+C。
（3）选择"编辑"|"粘贴"命令，或按快捷键 Ctrl+V。
（4）选定复制来的文件。
（5）按 F2 键，此时文件（文件夹）的名字处呈现蓝色可编辑状态，编辑名称为题目指定的名称 SYAD.DOC。

3．新建文件夹
（1）打开实操模拟一文件夹下 CCC 文件夹。
（2）选择"文件"|"新建"|"文件夹"命令，或单击鼠标右键，在弹出的下拉列表中选择"新建"|"文件夹"选项即可生成新的文件夹，此时文件（文件夹）的名字处呈现蓝色可编辑状态，编辑名称为题目指定的名称 RESTICK。

4．设置文件属性
（1）打开实操模拟一文件夹下 DDD 文件夹，选定 PRODUCT.WRI 文件。
（2）选择"文件"|"属性"命令，或单击鼠标右键，在弹出的下拉列表中选择"属性"命令，即可打开"PRODUCT.WRI 属性"对话框。
（3）在"PRODUCT.WRI 属性"对话框中勾选"只读"复选框，单击"高级"按钮，弹出"高级属性"对话框，取消勾选"可以存档文件"复选框，单击"确定"按钮。
（4）在"PRODUCT.WRI 属性"对话框中，单击"确定"按钮。

5．文件命名
（1）打开实操模拟一文件夹下 EEE 文件夹，选定 XIAN.FPT 文件。
（2）按 F2 键，此时文件（文件夹）的名字处呈现蓝色可编辑状态，编辑名称为题目指定的名称 YANG.FPT。

二、上网

1. ✎ 解题步骤

步骤 1：单击"工具栏"按钮，在弹出的下拉列表中选择"启动浏览器仿真"命令，在弹出的"仿真浏览器"地址栏中输入网址"HTTP://LOCALHOST/index.html"并按 Enter 键。在打开的页面中找到"最强选手"下关于"王涛"的链接并单击，打开关于"王涛"的介绍页面。单击"文件"菜单，在弹出的下拉列表中选择"另存为"命令，弹出"另存为"对话框。将"文件名"修改为"WangTao"，"保存类型"设为"网页，仅 HTML（*.htm；*.html）"，单击"保存"按钮。

步骤 2：在页面中找到关于"王涛"的图片并单击鼠标右键，在弹出的快捷菜单中选择"图片另存为"命令，在弹出的"另存为"对话框中将"文件名"修改为"Photo"，单击"保存"按钮。最后关闭仿真浏览器窗口。

2. ✎ 解题步骤

步骤 1：单击"工具箱"按钮，在弹出的下拉列表中选择"启动 Outlook Express 仿真"命令，弹出"Outlook Express 仿真"窗口。单击"发送/接收"按钮，在弹出的提示对话框中单击"确定"按钮。双击出现的邮件，弹出"读取邮件"窗口，在附件名处单击鼠标右键，在弹出的快捷菜单中选择"另存为"命令，在打开的"另存为"对话框中找到考生文件夹的位置，单击"保存"按钮，在弹出的提示对话框中单击"确定"按钮。

步骤 2：单击"答复"按钮，回复内容为"贺卡已收到，谢谢你的祝福，期盼不久后相见!"。单击"发送"按钮，在弹出的提示对话框中单击"确定"按钮。最后关闭"Outlook Express 仿真"窗口。

三、字处理

1. ✎ 解题步骤

步骤 1：在实操模拟一文件夹下打开 WORD.DOCX 文件，选中标题段文字（"模型变量构建"），在"开始"选项卡的"字体"组中，单击"文本效果和版式"按钮，在下拉列表中选择"填充-蓝色，着色1，阴影"。再单击"文本效果和版式"按钮，在下拉列表中选择"阴影"-"阴影选项"命令；在窗口右侧出现的"设置文本效果格式"窗格中单击"阴影"选项组中的"预设"下拉按钮，在下拉列表中选择"左上对角透视"，在"颜色"下拉列表中选择"蓝色（标准色）"，关闭窗格。

步骤 2：选中标题段，在"开始"选项卡中单击"字体"组右下角的启动对话框按钮，弹出"字体"对话框。在"字体"选项卡中，设置"中文字体"为"微软雅黑"，"西文字体"为"（使用中文字体）"，"字形"为"加粗"，"字号"为"二号"，切换到"高级"选项卡，在

"字符间距"选项组中设置"间距"为"加宽",设置其"磅值"为"2.2 磅",单击"确定"按钮。

步骤 3:选中标题段,在"开始"选项卡中单击"段落"组中的"居中"按钮。

2. 解题步骤

步骤 1:选中正文各段("基于图 3.1……如表 3.1 所示:"),在"开始"选项卡的"字体"组中,在"字体"下拉列表中选择"宋体",在"字号"下拉列表中选择"小四",单击"段落"组右下角的启动对话框按钮,弹出"段落"对话框,在"缩进和间距"选项卡的"间距"选项组中设置"行距"为"多倍行距",设置"设置值"为"1.26",设置"段前"为"0.3 行",在"缩进"选项组中,设置"特殊"为"首行","缩进值"默认为"2 字符",单击"确定"按钮。

步骤 2:选中正文第三、四、五段("个人认知……三个因素进行分析。"),在"开始"选项卡中单击"段落"组中的"项目符号"下拉按钮,在弹出的下拉列表中选择"定义新项目符号"命令,弹出"定义新项目符号"对话框,单击"符号"按钮。在弹出的"符号"对话框的"字体"下拉列表中选择"Wingdings",在下方的符号集列表框中选择与题目相符的符号,单击"确定"按钮。返回到"定义新项目符号"对话框再单击"确定"按钮。

步骤 3:将光标置于正文第六段下方的空行处,在"插入"功能区中单击"插图"组中的"图片"按钮,弹出"插入图片"对话框,找到并选中实操模拟一文件夹下的"图 3.2.JPG"文件,单击"插入"按钮。选中插入的图片,在"图片工具"|"格式"选项卡"大小"组中,单击右下角的启动对话框按钮,弹出"布局"对话框。在"大小"选项卡下的"缩放"选项组中设置"高度"为"80%","宽度"为"80%"。切换到对话框中的"文字环绕"选项卡,在"环绕方式"选项组中选中"上下型"。切换到"位置"选项卡,在"水平"选项组中选中"对齐方式"单选按钮,设置对齐方式为"居中",单击"确定"按钮。

3. 解题步骤

步骤 1:切换到"插入"选项卡,在"页眉和页脚"组中单击"页码"下拉按钮,在下拉列表中选择"页面底端"-"普通数字 2"。在"页眉和页脚工具"|"设计"选项卡中,单击"页眉和页脚"组中的"页码"下拉按钮,在下拉列表中选择"设置页码格式"命令,弹出"页码格式"对话框。在对话框中设置"编号格式"为"-1-、-2-、-3-……",选中"起始页码"单选按钮并设置值为"-5-",单击"确定"按钮。

步骤 2:在"页眉和页脚工具"|"设计"选项卡的"页眉和页脚"组中,单击"页眉"下拉按钮,在下拉列表中选择"空白",然后输入页眉内容"学位论文"。最后单击"关闭"组中的"关闭页眉和页脚"按钮。

步骤 3:在"设计"选项卡的"页面背景"组中单击"水印"下拉按钮,在下拉列表中选择"自定义水印"命令,弹出"水印"对话框。在对话框中选中"文字水印"单选按钮,将"文字"中的内容改为"传阅",单击"确定"按钮。

4. ✎ 解题步骤

步骤 1：选中文档中最后 12 行文字，在"插入"选项卡中单击"表格"组中的"表格"下拉按钮，在下拉列表中选择"文本转换成表格"命令，弹出"将文字转换成表格"对话框，单击"确定"按钮。

步骤 2：选中表格第一列的 2 至 6 行，在"表格工具"|"布局"选项卡的"合并"组中单击"合并单元格"按钮。按照同样的方法，对第一列的 7~9 行和 10~12 行进行合并。

步骤 3：选中表格第一行，切换到"开始"选项卡，在"字体"组中设置"字体"为"华文新魏"，设置"字号"为"小四"。切换到"表格工具"|"布局"功能区，单击"对齐方式"组中的"水平居中"按钮；同理，设置表格第一列和第四列对齐方式为水平居中。

步骤 4：选中整个表格，切换到"开始"选项卡，单击"段落"组中的"居中"按钮。

步骤 5：选中表格第四列，在"表格工具"|"布局"选项卡的"单元格大小"组中，设置"表格列宽"为"2.2 厘米"。

5. ✎ 解题步骤

步骤 1：选中表格，在"表格工具"|"设计"选项卡的"边框"组中，单击右下角启动对话框按钮，弹出"边框和底纹"对话框，在"边框"选项卡的"设置"选项组中选择"方框"，设置"样式"为"单实线"，"颜色"为"红色（标准色）"，"宽度"为"1.5 磅"；再在"设置"选项组中选择"自定义"，设置"样式"为"单实线"，"颜色"为"红色（标准色）"，"宽度"为"0.75"，在"预览"区中单击表格中心位置。

步骤 2：切换到对话框的"底纹"选项卡，在"填充"下拉列表中选择"主题颜色"中的"金色，个性色 4，淡色 80%"。

步骤 3：在"表格工具"|"设计"选项卡的"边框"组中，设置"笔样式"为"单实线"，"笔画粗细"为"1.5 磅"，"笔颜色"为"红色（标准色）"，此时光标变成"画笔"形状，沿着第一行和第二行之间的内框线画线，完成后单击"边框刷"按钮。

步骤 4：保存并关闭 WORD.DOCX 文件。

四、电子表格

1. ✎ 解题步骤

步骤 1：打开实操模拟一文件夹下的 EXCEL.XLSX 文件，双击 Sheet1 工作表表名处，将其更改为"产品销售情况表"。

步骤 2：选中 A1:N1 单元格区域，在"开始"选项卡的"对齐方式"组中单击"合并后居中"按钮。

步骤 3：在 N3 单元格中输入公式"=SUM(B3:M3)，按 Enter 键。选中 N3 单元格，将鼠标指针置于 N3 单元格右下角，当指针变成黑色十字形"+"时，按住鼠标左键不放向下拖动填充柄到 N4 单元格，释放鼠标左键。

步骤 4：选中 N3:N4 单元格区域并单击鼠标右键，在弹出的快捷菜单中选择"设置单元格格式"命令，弹出"设置单元格格式"对话框。在"数字"选项卡的"分类"列表框中选择"数值"，设置"小数位数"为"0"，单击"确定"按钮。

步骤 5：选中 B5:M6 单元格区域并单击鼠标右键，在弹出的快捷菜单中选择"设置单元格格式"命令，弹出"设置单元格格式"对话框。在"数字"选项卡的"分类"列表框中选择"百分比"，设置"小数位数"为"2"，单击"确定"按钮。在 B5 单元格内输入公式"=B3/$N$3"并按 Enter 键；选中 B5 单元格，将鼠标指针置于 B5 单元格右下角，当指针变成黑色十字形"+"时，按住鼠标左键不放向右拖动填充柄到 M5 单元格，释放鼠标左键。在 B6 单元格中输入公式"=B4/$N$4"并按 Enter 键；选中 B6 单元格，将鼠标指针置于 B6 单元格右下角，当指针变成黑色十字形"+"时，按住鼠标左键不放向右拖动填充柄到 M6 单元格，释放鼠标左键。

步骤 6：在 B7 单元格内输入公式"=IF(AND(B5>10%,B6>10%),"优良","中等")"，并按 Enter 键。单击 B7 单元格，将鼠标指针置于 B7 单元格右下角，当指针变成黑色十字形"+"时，按住鼠标左键不放向右拖动填充柄到 M7 单元格，释放鼠标左键。

步骤 7：选中 B3:M4 单元格区域，在"开始"选项卡的"样式"组中，单击"条件格式"按钮，在弹出的下拉列表中选择"图标集"，再选择"等级"下的"四等级"。

2. 解题步骤

步骤 1：选中 A2:M2 单元格区域，按住 Ctrl 不放，再选中 A5:M6 单元格区域；切换到"插入"选项卡，单击"图表"组中的"插图柱形图或条形图"下拉按钮，在下拉列表中选择"二维柱形图"下的"簇状柱形图"。

步骤 2：在图表中将图表标题改为"产品销售统计图"。选中图表，在"图表工具"|"设计"选项卡的"图表布局"组中，单击"添加图表元素"下拉按钮，在下拉列表中选择"图例"|"底部"。

步骤 3：在"表格工具"|"格式"选项卡的"当前所选内容"组中单击"图表元素"下拉按钮，在下拉列表中选择"系列 A 所占百分比"，在"形状样式"组中单击"形状填充"下拉按钮，在下拉列表中选择"主题颜色"中的"蓝色，个性色 1，深色 25%"。同理，设置 B 产品数据系列格式为"绿色，个性色 6，深色 25%"。

步骤 4：拖动图表使其左上角在 A9 单元格内，通过放大或者缩小图表使其置于 A9:J25 单元格区域内。

3. 解题步骤

步骤 1：切换到"图书销售统计表"工作表，单击数据清单中任一单元格，在"数据"的"排序和筛选"组中单击"排序"按钮，弹出"排序"对话框。设置"主要关键字"为"图书类别"，设置"次序"为"降序"。单击"添加条件"按钮，设置"次要关键字"为"季度"，设置"次序"为"升序"，单击"确定"按钮。

步骤 2：单击数据清单中任一单元格，在"数据"选项卡的"分级显示"组中单击"分类汇总"按钮，弹出"分类汇总"对话框。设置"分类字段"为"图书类别"，"汇总方式"为"求和"，在"选定汇总项"中仅勾选"销售数量（册）"，默认勾选"汇总结果显示在数据下方"复选框，单击"确定"按钮。

步骤 3：保存并关闭 EXCEL.XLSX 工作簿。

五、演示文稿

1. ✏ 解题步骤

步骤 1：打开实操模拟一文件夹下的 yswg.pptx 文件，在"设计"选项卡中单击"主题"组中的"其他"按钮，在弹出的下拉列表中选择"离子会议室"。

步骤 2：选中第一张幻灯片，切换到"切换"选项卡，单击"切换到此幻灯片"组中的"其他"按钮，在下拉列表中选择"细微"下的"覆盖"。单击"效果选项"下拉按钮，在下拉列表中选择"从左上部"。在"计时"组中选中"设置自动换片时间"复选框，设置时间为"00:05.00"，最后单击"应用到全部"按钮。

步骤 3：切换到"设计"选项卡，单击"自定义"组中的"幻灯片大小"下拉按钮，在下拉列表中选择"宽屏（16:9）"，在弹出的提示框中单击"确保适合"按钮。

步骤 4：切换到"幻灯片放映"选项卡，单击"设置"组中的"设置幻灯片放映"按钮，弹出"设置放映方式"对话框。在"放映类型"选项组中选中"观众自行浏览（窗口）"单选按钮，单击"确定"按钮。

2. ✏ 解题步骤

步骤 1：选中第二张幻灯片中内容文本框内的文字，切换到"开始"选项卡，在"字体"组中设置"字体"为"微软雅黑"，"字号"为"24"，单击"加粗"按钮，在"字体颜色"下拉列表中选择"深蓝色（标准色）"。

步骤 2：单击"段落"组右下角的启动对话框按钮，弹出"段落"对话框。在"间距"选项组中设置"行距"为"1.5 倍行距"，单击"确定"按钮。

3. ✏ 解题步骤

步骤 1：将光标置于第一张幻灯片和第二张幻灯片之间，在"开始"选项卡中单击"幻灯片"组中的"新建幻灯片"下拉按钮，在下拉列表中选择"标题和内容"。在幻灯片的标题占位符中输入"目录"，在文本占位符中按顺序输入第 3 到 8 张幻灯片的标题。

步骤 2：选中第二张幻灯片中的文字"培训目的"，在"插入"选项卡的"链接"组中单击"链接"按钮，弹出"插入超链接"对话框。选中"链接到"选项组中的"本文档中的位置"，在"请选择文档中的位置"列表框中选中"3.培训目的"，单击"确定"按钮。按同样的操作，对其他 5 行内容添加相应的超链接。

4. ✏ 解题步骤

步骤 1：选中第七张幻灯片，在"开始"选项卡的"幻灯片"组中单击"版式"下拉按钮，在下拉列表中选择"两栏内容"。在该幻灯片的右侧占位符中单击"插入 SmartArt 图形"

按钮，弹出"选择 SmartArt 图形"对话框。先选中"层次结构"，再选中"组织结构图"，单击"确定"按钮。

步骤 2：选中组织结构图中的第二个形状，按 Delete 键将其删除，然后按题目要求分别在 4 个形状中输入"经理办""人力资源""财务""后勤"。

步骤 3：选中组织结构图，在"SmartArt 工具"|"设计"选项卡的"SmartArt 样式"组中单击"更改颜色"下拉按钮，在下拉列表中选择"个性色 2"下的"彩色填充-个性色 2"。

5. 解题步骤

步骤：选中第七张幻灯片中的组织结构图，切换到"动画"选项卡，单击"动画"组中的"其他"按钮，在下拉列表中选择"进入"下的"浮入"。单击"效果选项"按钮，在下拉列表中选择"下浮"和"逐个级别"。同理，设置左侧文字的动画为"进入"下的"出现"，然后单击"计时"组中的"向前移动"按钮。

6. 解题步骤

步骤 1：选中第八张幻灯片，在"插入"选项卡的"图像"组中单击"图片"按钮，弹出"插入图片"对话框，找到并选中考生文件夹中的"考核.JPG"文件，单击"插入"按钮。

步骤 2：选中第八张幻灯片插入的图片，在"图片工具"|"格式"选项卡中单击"大小"组右下角的启动对话框按钮，在窗口右侧出现的"设置图片格式"窗格中，设置"高度"为"7 厘米"，默认勾选"锁定纵横比"复选框。单击"大小"将其折叠，再单击"位置"将其展开，设置"水平位置"为"20 厘米"，从"左上角"，设置"垂直位置"为"8 厘米"，从"左上角"。最后关闭窗格。

步骤 3：选中图片，切换到"动画"选项卡，单击"动画"组中的"其他"按钮，在下拉列表中选择"强调"下的"跷跷板"。

7. 解题步骤

步骤 1：将光标置于幻灯片窗格中第八张幻灯片之后，切换到"开始"选项卡，单击"幻灯片"组中的"新建幻灯片"下拉按钮，在下拉列表中选择"空白"。

步骤 2：选中第九张幻灯片，切换到"设计"选项卡，单击"自定义"组中的"设置背景格式"按钮，在窗口右侧出现的"设置背景格式"窗格中选中"图片或纹理填充"单选按钮，在"纹理"的下拉列表中选择"羊皮纸"。最后关闭窗格。

步骤 3：切换到"插入"选项卡，单击"文本"组的"艺术字"下拉按钮，在弹出的下拉列表中选择"渐变填充-淡紫，着色 1，反射"。在艺术字占位符中输入"谢谢观看"，在"开始"选项卡的"字体"组中将艺术字的"字号"设置为"80"。

步骤 4：选中艺术字，在"绘图工具"|"格式"选项卡的"艺术字样式"组中，单击"文本效果"下拉按钮，在下拉列表中选择"映像"，再选择"映像变体"下的"半映像，4pt 偏移量"。

步骤 5：选中艺术字，在"绘图工具"|"格式"选项卡中单击"排列"组中的"对齐"下拉按钮，在下拉列表中选择"水平居中"和"垂直居中"。

步骤 6：保存并关闭 yswg.pptx 文件。

实操模拟题二解析

一、基本操作

✎ 解题步骤

1. 设置文件属性

（1）打开实操模拟二文件夹下的 HHH\POPE 文件夹，选定 CENT.PAS 文件。

（2）选择"文件"|"属性"命令，或单击鼠标右键，弹出快捷菜单，选择"属性"命令，即可打开"属性"对话框。

（3）在"属性"对话框中勾选"隐藏"属性，单击"确定"按钮。

2. 删除文件

（1）打开实操模拟二文件夹下的 BBB\BAND 文件夹，选定 GRASS.FOR 文件。

（2）按 Delete 键，弹出"删除文件"对话框。

（3）单击"是"按钮，将文件（文件夹）删除到回收站。

3. 新建文件夹

（1）打开实操模拟二文件夹下的 CCC 文件夹。

（2）选择"文件"|"新建"|"文件夹"命令，或单击鼠标右键，在弹出的下拉列表中选择"新建"|"文件夹"命令，即可生成新的文件夹，此时文件（文件夹）的名字处呈现蓝色可编辑状态，编辑名称为题目指定的名称 COAL。

4. 复制文件夹和文件夹命名

（1）打开实操模拟二文件夹下的 DDD\TEST 文件夹，选定 SAM 文件夹。

（2）选择"编辑"|"复制"命令，或按快捷键 Ctrl+C。

（3）打开实操模拟二文件夹下的 EEE\CARD 文件夹。

（4）选择"编辑"|"粘贴"命令，或按快捷键 Ctrl+V。

（5）选定复制来的文件夹并按 F2 键，此时文件（文件夹）的名字处呈现蓝色可编辑状态，编辑名称为题目指定的名称 HALL。

5. 移动文件夹

（1）打开实操模拟二文件夹下的 FFF\SUN 文件夹，选定 MOON 文件夹。

（2）选择"编辑"|"剪切"命令，或按快捷键 Ctrl+X。

（3）打开实操模拟二文件夹下的 GGG 文件夹。

（4）选择"编辑"|"粘贴"命令，或按快捷键 Ctrl+V。

二、上网

1. 解题步骤

步骤1：单击"工具箱"按钮，在弹出的下拉列表中选择"启动浏览器仿真"命令，在弹出的"仿真浏览器"地址栏中输入网址"HTTP://LOCALHOST/index.html 并按 Enter 键。在打开的页面中单击"盛唐诗韵"字样，在弹出的子页面中单击"李白"字样。在页面中的照片上单击鼠标右键，在弹出的快捷菜单中选择"图片另存为"命令，弹出"另存为"对话框。将"文件名"修改为"LIBAI"，单击"保存"按钮。

步骤2：回到页面中，单击"代表作"字样，然后单击左上角"文件"菜单，在弹出的下拉列表中选择"另存为"命令，弹出"另存为"对话框。将"文件名"修改为"LBDBZ"，将"保存类型"修改为"文本文件（*txt）"，单击"保存"按钮。最后，关闭"仿真浏览器"窗口。

2. 解题步骤

步骤1：单击"工具箱"按钮，在弹出的下拉列表中选择"启动 Outlook Express 仿真"命令，弹出"Outlook Express 仿真"窗口。单击"创建邮件"按钮，弹出"新邮件"窗口。在"收件人"中输入"lp@163.com"，在"抄送"中输入"zk@sina.com"，在"内容"中输入"刘鹏：您好!现将资料发给您，请查收。赵华"。

步骤2：单击"附件"按钮，在弹出的"打开"对话框中找到并选中实操模拟二文件夹下的"kszl.txt"文件，最后单击"打开"按钮。

步骤3：在"主题"中输入"资料"，单击"发送"按钮，在弹出的提示对话框中单击"确定"按钮。最后关闭"Outlook Express 仿真"窗口。

三、字处理

1. 解题步骤

步骤1：打开实操模拟二文件夹中的 WORD.DOCX 文件，按题目要求替换文字。在"开始"选项卡中，单击"编辑"组中的"替换"按钮，弹出"查找和替换"对话框。在"查找内容"框中输入"人声"，在"替换为"框中输入"人生"，单击"全部替换"按钮。在弹出的提示框中单击"确定"按钮。返回"查找和替换"对话框，单击"关闭"按钮。

步骤2：按题目要求设置标题样式。选中标题段文字"活出精彩 搏出人生"，在"开始"选项卡"样式"组中，单击"其他"下拉按钮，选择"标题1"样式。

步骤3：按题目要求设置标题段字体。选中标题段文字"活出精彩 博出人生"，切换到"开始"选项卡，单击"字体"组右下角的对话框启动器按钮，弹出"字体"对话框。在"字体"选项卡中设置"中文字体"为"隶书"，"字号"为"小三"，单击"确定"按钮。

步骤4：按题目要求设置标题段落格式。选中标题段文字"活出精彩 搏出人生"，在"开始"选项卡"段落"组中，单击右下角对话框启动器按钮，弹出"段落"对话框。在"缩进和间距"选项卡中,设置"间距"组中的"段前"为"6磅","段后"为"6磅","行距"为"单倍行距",单击"确定"按钮。

步骤5:按题目要求设置标题段对齐方式。单击"段落"组中的"居中"按钮。

步骤6:按题目要求设置标题段字体颜色及文字效果。选中标题段文字"活出精彩搏出人生",在"开始"选项卡"字体"组中,单击"字体颜色"下拉按钮,选择"橙色,个性色6,深色50%";在"字体"组中,单击"文本效果和版式"下拉按钮,选择"映像"下的"映像变体/紧密映像:4pt 偏移量",继续单击"文本效果和版式"下拉按钮,选择"阴影"下的"内部/内部右上角"。

步骤7:按照题目要求设置文档属性。单击窗口左上角的"文件"按钮,在弹出的菜单中选择"信息",在"信息"区域中单击"属性"下拉按钮,在下拉列表中选择"高级属性"命令,弹出"WORD.docx 属性"对话框。将"作者"文本框中的原内容删除并输入新内容"NCRER",在"单位"文本框中输入"NCRE",在"标题"文本框中输入"活出精彩—搏出人生",单击"确定"按钮。

2. 解题步骤

步骤1:按题目要求设置纸张方向。在"布局"选项卡中,单击"页面设置"组中的"纸张方向"按钮,在弹出的下拉列表中选择"横向"。

步骤2:按题目要求进行页面设置。在"布局"选项卡中,单击"页面设置"组中的"页边距"按钮,在弹出的下拉列表中选择"自定义页边距"选项,弹出"页面设置"对话框。在"页边距"选项卡"页边距"组中设置"上""下"均为"3 厘米","左""右"均为"2.5 厘米","装订线位置"为"左","装订线"为"3 厘米";切换到"布局"选项卡,在"页眉和页脚"组中,设置"页眉""页脚"各距边界"2 厘米";切换到"文档网格"选项卡,在"行"组中设置"每页"为"24",单击"确定"按钮。

步骤3:按题目要求插入页眉。在"插入"选项卡"页面和页脚"组中,单击"页眉"下拉按钮,选择"空白"型页眉,接着单击"在此处键入",输入文字"校园报"。

步骤4:按题目要求设置页眉字体。选中页眉文字"校园报",在"开始"选项卡"字体"组中单击右下角对话框启动器按钮,弹出"字体"对话框。在"字体"选项卡中设置"中文字体"为"黑体"、"字形"为"加粗"、"字号"为"小四"。单击"字体颜色"下拉按钮,在弹出的下拉列表中选择"标准色/深红",单击"确定"按钮。最后在"页面和页脚工具"|"设计"选项卡"关闭"组中,单击"关闭页面和页脚"按钮。

步骤5:按题目要求插入文字水印。在"设计"选项卡"页面背景"组中,单击"水印"下拉按钮,在弹出的下拉列表中选择"自定义水印"选项,弹出"水印"对话框。选中"文字水印"单选按钮,设置"文字"为"精彩人生","颜色"为"主题颜色/橄榄色,个性 3,淡色80%",在"版式"中勾选"水平"单选按钮,单击"确定"按钮。

3. 解题步骤

步骤1:按题目要求设置正文字体。选中正文各段落"人生在世,需要去……我终于学会了坚强。",在"开始"选项卡的"字体"组中,设置"字体"为"楷体","字号"为"小四"。

步骤 2：按题目要求设置正文段落属性。选中正文一至二段，在"开始"选项卡中，单击"段落"组右下角的对话框启动器按钮，弹出"段落"对话框。在"缩进"组中设置"特殊"为"首行缩进"，"缩进值"默认为"2字符"。在"间距"选项组中设置"行距"为"多倍行距"，"设置值"为"1.15"，单击"确定"按钮。

步骤 3：按题目要求设置分栏。选中正文一至二段，切换到"布局"选项卡中，单击"页面设置"组中的"栏"按钮，在弹出的下拉列表中选择"更多分栏"，弹出"栏"对话框。在"预设"选项组中选择"两栏"，默认勾选"栏宽相等"复选框，设置"宽度"为"28字符"，勾选"分隔线"复选框，单击"确定"按钮。

步骤 4：按题目要求将文本突出显示。选中文本"记住该记住的，忘记该忘记的。改变能改变的，接受不能接受的"。在"开始"选项卡"字体"组中，单击"文本突出显示颜色"下拉按钮，选择"黄色"。

步骤 5：按题目要求进行图片的插入。单击"校运动会奖牌排行榜"上方空白行处，在"插入"选项卡"插图"组中，单击"图片"按钮，弹出"插入图片"对话框。选中实操模拟二文件夹下的"picturel.jpg"，单击"插入"按钮。

步骤 6：按题目要求进行图片的设置。选中新插入的图片，在"图片工具"|"格式"选项卡"大小"组中，设置"形状高度"为"5厘米"，"形状宽度"为"7.5厘米"。在"排序"组中单击"环绕文字"下拉按钮，选择"上下型环绕"。在"调整"组中单击"艺术效果"下拉按钮，选择"艺术效果选项"，弹出"设置图片格式"任务窗格。在"效果"组中设置艺术效果为"马赛克气泡"，"透明度"为"80%"，最后单击窗格右上角的"关闭"按钮，

4. 解题步骤

步骤 1：按题目要求将文字转换成表格。选中文本最后12行文字，切换到"插入"选择卡，单击"表格"组中的"表格"按钮，在弹出的下拉列表中选择"文本转换成表格"，弹出"将文字转换成表格"对话框。在"文字分隔位置"选项组中选中"空格"单选按钮，单击"确定"按钮。

步骤 2：按题目要求设置表格列宽和行高。选中整个表格，在"表格工具"|"布局"选项卡的"单元格大小"组中设置"表格行高"为"0.5厘米"，"表格列宽"为"2.5厘米"。

步骤 3：按题目要求合并单元格并设置对齐方式。选中表格第一行所有单元格，在"表格工具"|"布局"选项卡中，单击"合并"组中的"合并单元格"按钮。单击"对齐方式"组中的"水平居中"按钮。

步骤 4：按题目要求设置表格样式。选中整个表格，在"表格工具"|"设计"选项卡中，单击"表格样式"组中的"其他"按钮，在弹出的列表中选择"网格表4-着色2"。

步骤 5：按题目要求设置表格整体对齐方式。选中整个表格，切换到"开始"选项卡，单击"段落"组中的"居中"按钮。

5. 解题步骤

步骤 1：按题目要求设置字体。选中表格第一行中的文字，在"开始"选项卡中，单击"字体"组右下角的对话框启动器按钮，弹出"字体"对话框。在"字体"选项卡中设置"中

文字体"为"黑体","字号"为"小三"。切换到"高级"选项卡,设置"间距"为"加宽","磅值"为"1.5 磅",单击"确定"按钮。

步骤 2：按题目要求计算"各班合计"列内容。单击表格最后一列第 3 行单元格,在"表格工具"|"布局"选项卡的"数据"组中,单击"公式（fx）"按钮,弹出"公式"对话框。在"公式"栏中输入"=SUM(LEFT)",单击"确定"按钮。同理,计算表格最后一列的第 4~11 行单元格的值。

步骤 3：按题目要求利用公式计算"奖牌合计"行内容。单击表格最后一行第 2 列单元格,在"表格工具"|"布局"选项卡中,单击"数据"组中的"公式（fx）"按钮,弹出"公式"对话框。在"公式"栏中输入"=SUM(ABOVE)",单击"确定"按钮。同理,计算表格最后一行的第 3~5 列单元格的值。

步骤 4：按题目要求对表格进行排序。选中表格第 2~11 行,在"表格工具"|"布局"选项卡中,单击"数据"组中的"排序"按钮,弹出"排序"对话框。在"列表"选项组中勾选"有标题行"单选按钮,设置"主要关键字"为"金牌",勾选"降序"单选按钮,设置"次要关键字"为"银牌",勾选"降序"单选按钮,设置"第三关键字"为"铜牌",勾选"降序"单选钮,单击"确定"按钮。

步骤 5：保存并关闭文件。

四、电子表格

1. 解题步骤

步骤 1：打开实操模拟二文件夹中的 EXCEL.XLSX 文件,选择 Sheet1 工作表。按题目要求合并单元格并使内容居中。选中工作表的 A1:H1 单元格区域,在"开始"选项卡的"对齐方式"组中,单击"合并后居中"按钮。

步骤 2：按题目要求填充列内容。选中 A3:A7 单元格区域,将鼠标指针移动到 A7 单元格右下角的填充柄上,当指针变为黑色十字"+"时,双击一下,实现自动填充。

步骤 3：按题目要求计算"奖金"列数据。在 F3 单元格中输入公式：=IF(C3>=90,8000,IF(C3>=80,6000,IF(C3>=70，4000，IF(C3>=60,2000,800)))),按 Enter 键,单击 F3 单元格,将鼠标指针移动到该单元格右下角的填充柄上,当指针变成黑色十字"+"时,双击一下,实现自动填充。

步骤 4：按题目要求计算"工资合计"列数据。在 G3 单元格中输入"=D3+E3+F3",按 Enter 键。单击 G3 单元格,将鼠标指针移动到该单元格右下角的填充柄上,当指针变成黑色十字"+"时,双击一下,实现自动填充。

步骤 5：在 H3 单元格内输入公式:"=IF(G3>=19000,"A",IF(G3>=16000, "B","C"))"并按 Enter 键;选中 H3 单元格,将鼠标指针移动到 H3 单元格右下角的填充柄上,当指针变成黑色十字"+"时,双击一下,实现自动填充。

步骤 6：在 L5 单元格内输入公式:"=AVERAGEIF($B$3:$B$100,J5,$F$3:$F$100)",并按 Enter 键。单击 L5 单元格,将鼠标指针移动到该单元格右下角的填充柄上,当指针变成黑色十字"+"时,双击一下,实现自动填充。设置完后选中 L5:L7 单元格,单击"开始"选项卡

"数字"组中的右下角启动对话框按钮,弹出"设置单元格格式"对话框。在"数字"选项卡中设置"分类"为"数值","小数位数"为"0",单击"确定"按钮。

步骤7:在K11单元格内输入公式:"=COUNTIFS($B$3:$B$100,J11,$H$3:$H$100,"A")"并按Enter键。单击K11单元格,将标指针移动到该单元格右下角的填充柄上,当指针变成黑色十字"+"时,双击一下,实现自动填充。在M11单元格内输入公式"=COUNTIFS($B$3:$B$100,J11,$H$3:$H$100, "B")"并按Enter键。单击M11单元格,将鼠标指针移动到该单元格右下角的填充柄上,当指针变成黑色十字"+"时,双击一下,实现自动填充。

步骤8:在L11单元格内输入公式:"=K11/K5"并按Enter键。单击L11单元格,将鼠标指针移动到该单元格右下角的填充柄,当指针变成黑色十字"+"时,按住鼠标左键不放并拖动填充柄到L13,释放鼠标左键。在N11单元格内输入公式:"=M11/K5"并按Enter键。单击N11单元格,将鼠标指针移动到该单元格右下角的填充柄上,当指针变成黑色十字"+"时,按住鼠标左键不放并拖动填充柄到N13,释放鼠标左键。同时选中L11:L13和N11:N13单元格区域,单击"开始"选项卡"数字"组中的右下角启动对话框按钮,弹出"设置单元格格式"对话框。在"数字"选项卡中设置"分类"为"百分比","小数位数"为"2",单击"确定"按钮。

步骤9:按题目要求设置条件格式。选中H3: H100单元格区域,在"开始"选项卡的"样式"组中单击"条件格式"按钮,在弹出的下拉列表中选择"突出显示单元格规则"下的"等于",弹出"等于"对话框。在"为等于以下值的单元格设置格式"文本框中输入"C",在"设置为"中选择"自定义格式",弹出"设置单元格格式"对话框。在"填充"选项卡中,设置"图案颜色"为"深红"(标准色),"图案样式"为"水平条纹",单击"确定"按钮。返回到"文本中包含"对话框,再次单击"确定"按钮。

2. 解题步骤

步骤1:按题目要求插入图表。选中Sheet1工作表中统计表2中的"组别"列(J10:J13),按住Ctrl键不放,同时选中"A所占百分比"列(L10:L13)、"B所占百分比"列(N10:N13)。切换到"插入"选项卡,单击"图表"组中的"插入柱形图或条形图"下拉按钮,在弹出的下拉列表中选择"堆积柱形图"。

步骤2:按照题目要求设置图表。修改图表标题为"工资等级统计图"。选中图表,单击右上角出现的+号按钮("图表元素"按钮),选中"图表标题"复选框,单击"图表标题"复选框右侧的按钮,选择"图表上方"。勾选"图例"复选框,单击"图例"复选框右侧的按钮,选择"底部"。单击文档任意位置,关闭"图表元素"设置。

步骤3:单击图表中的任一柱形图,右击,在弹出的级联列表中选择"设置数据点格式"选项,右侧弹出"设置数据点格式"任务窗格。在"系列选项"选项卡中的"系列绘制在"组下单击"主坐标轴"单选按钮,设置"系列重叠"为"80%"。关闭任务窗格。

步骤4:选中图表左侧的数值坐标轴,右击,在弹出级联列表中选择"设置坐标轴格式"选项,选项右侧弹出"设置坐标轴格式"任务窗格。在"坐标轴选项"选项卡"边界"组中设置"最大值"为"1.0"。

步骤5:选中图表,单击右上角出现的"+"号按钮("图表元素"按钮),勾选"数据标签"复选框,单击"数据标签"复选框右侧的按钮,选择"轴内侧"。勾选"网格线"复选框,单击"网格线"复选框右侧的按钮，同时勾选上"主轴主要水平网格线"和"主轴次要水平网格线"复选框。单击文档任意位置，关闭"图表元素"设置。

步骤 6：调整图的大小并移动到指定位置。选中图表，按住鼠标左键不放并拖动图表，使得图表左上角在 J16 单元格区域内，通过放大或者缩小图表使其 J16:N30 单元格区域内。

步骤 7：双击 Sheet1 工作表的表名处，输入"人员工资统计表"。

3. 解题步骤

步骤 1：按题目要求进行排序。选择"产品销售情况表"，单击数据清单中任一单元格，在"数据"选项卡的"排序和筛选"组中，单击"排序"按钮，弹出"排序"对话框。设置"主要关键字"为"产品类别"，设置"排序依据"为"数值"，设置"次序"为"降序"。单击"添加条件"按钮，设置"次要关键字"为"分公司"，设置"排序依据"为"数值"，设置"次序"为"升序"，单击"确定"按钮。

步骤 2：按题目要求设置筛选条件。选中表格第一行并单击鼠标右键，在弹出的快捷菜单中选择"插入行"，再反复此操作三次，即可在数据清单前插入四行。选中 A5:G5 单元格区域，按组合键 Ctrl+C，单击 A1 单元格，按组合键 Ctrl+V。在 D2 单元格中输入"笔记本电脑"在 D3 单元格中输入"数码相机"，在 G2 和 G3 单元格分别输入"<=30"。

步骤 3：按题目要求对数据清单进行筛选。在"数据"选项卡的"排序和筛选"组中，单击"高级"按钮，弹出"高级筛选"对话框。在"列表区域"中输入"产品销售情况表!$A$5:$G$101"，在"条件区域"中输入"产品销售情况表!$A$1:$G$3"，单击"确定"按钮。

步骤 4：保存文件。

五、演示文稿

1. 解题步骤

步骤 1：打开实操模拟二文件夹中的演示文稿 yswg.pptx 文件，按题目要求插入幻灯片。单击第一张幻灯片之前空白处，在"开始"选项卡的"幻灯片"组中，单击"新建幻灯片"按钮。

步骤 2：按题目要求设置幻灯片大小。在"设计"选项卡的"自定义"组中，单击"幻灯片大小"下拉按钮，在弹出的下拉列表中选择"自定义幻灯片大小"选项，弹出"幻灯片大小"对话框，选中"全屏显示（16:9）"并单击"确定"按钮。

步骤 3：按题目要求设置演示文稿主题。在"设计"选项卡中"主题"组中单击"其他"按钮，在弹出的下拉列表中选择"离子会议室"主题。

步骤 4：按题目要求设置放映方式。在"幻灯片放映"选项卡"设置"组中，单击"设置幻灯片放映"按钮，弹出"设置放映方式"对话框。在"放映类型"选项组中，选中"观众自行浏览（窗口）"单选按钮，单击"确定"按钮。

步骤 5：按题目要求设置页脚内容。选中第一张幻灯片，在"插入"选项卡"文本"组中，单击"页眉和页脚"按钮，弹出"页眉和页脚"对话框。勾选"页脚"复选框，在下方文本框中输入文字"晶泰来水晶吊坠"，勾选"标题幻灯片中不显示"复选框，单击"全部应用"按钮。

2. ✎ 解题步骤

步骤1：按题目要求修改第一张幻灯片版式。选中第一张幻灯片，在"开始"选项卡"幻灯片"组中单击"版式"按钮，在弹出的下拉列表中选择"标题幻灯片"选项。

步骤2：按题目要求输入标题并设置字体。在第一张幻灯片主标题框中输入"产品策划书"，在副标题框中输入"晶泰来水晶吊坠"。选中主标题文字"产品策划书"，在"开始"选项卡的"字体"组中，设置"字体"为"华文行楷"，"字号"为"80"；选中副标题文字，在"开始"选项卡的"字体"组中，设置"字体"为"楷体"，"字号"为"34"，"字形"为"加粗"。

步骤3：按题目要求设置动画效果。选中副标题文本框，切换到"动画"选项卡，单击"动画"组中的"其他"按钮，在弹出的下拉列表中选择"进入"下的"浮入"选项。再单击"选项效果"按钮，在弹出的下拉列表中选择"下浮"选项。

3. ✎ 解题步骤

步骤1：按题目要求修改幻灯片版式。选中第二张幻灯片，在"开始"选项卡"幻灯片"组中单击"版式"按钮，在弹出的下拉列表中选择"两栏内容"选项。

步骤2：按题目要求插入图片。单击第二张幻灯片右侧文本内容区"图片"按钮，弹出"插入图片"对话框。找到并选中实操模拟二文件夹下的"shuijingl.jpg"图片文件，单击"插入"按钮。

步骤3：按题目要求设置图片样式和图片效果。选中第二张幻灯片中的图片，在"图片工具" | "格式"选项卡中，单击"图片样式"组中的"其他"下拉按钮，在弹出的下拉列表中选择"金属框架"选项，单击"图片效果"按钮，在弹出的下拉列表中选择"发光"下的"发光变体/紫色，8pt 发光，个性 6"。

步骤4：按题目要求为图片和文字设置动画。选中图片，切换到"动画"选项卡，单击"动画"组中的"其他"按钮，在弹出的下拉列表中选择"更多进入效果"选项。弹出"更改进入效果"对话框，选择"十字形扩张"，单击"确定"按钮。单击"图片效果"按钮，在弹出的下拉列表中选择"切出"选项，在"计时"组的"开始"下拉列表中选择"上一动画之后"，选中左侧文本内容。单击"动画"组中的"其他"按钮，在弹出的下拉列表中选择"强调/跷跷板"选项；选中第二张幻灯片标题，单击"动画"组中的"其他"按钮，在弹出的下拉列表中选择"更多进入效果"选项，弹出"更改进入效果"对话框。选择"基本缩放"，单击"确定"按钮，单击"效果选项"按钮，在弹出的下拉列表中选择"从屏幕中心放大"选项。

步骤5：按题目要求设置动画顺序。选中标题，在"动画"选项卡"计时"组中，单击"向前移动"按钮，设置移动为"1"；选中左侧内容文本，继续单击"向前移动"按钮，设置移动为"2"。

4. ✎ 解题步骤

步骤1：按题目要求修改幻灯片版式。选中第三张幻灯片，在"开始"选项卡"幻灯片"

组中单击"版式"按钮，在弹出的下拉列表中选择"内容与标题"选项。

步骤 2：按题目要求输入文字并设置字体。在第三张幻灯片左侧标题下方文本框中输入"水晶饰品越来越受到人们的喜爱"，选中新输入的文字，在"开始"选项卡的"字体"组中，设置"字体"为"微软雅黑"，"字号"为"16"。

步骤 3：按题目要求转换 SmartArt 图形。选中第三张幻灯片右侧文本框内容，单击鼠标右键，在弹出的快捷菜单中选择"转换为 SmartArt"选项，再选择"垂直项目符号列表"选项。

步骤 4：按题目要求为 SmartArt 图形添加动画效果。选中 SmartArt 图形，切换到"动画"选项卡，单击"动画"组中的"其他"按钮，在弹出的下拉列表中选择"进入"下的"飞入"选项。单击"效果选项"按钮，在弹出的下拉列表中分别选择"自右侧"和"逐个"选项。

5. 解题步骤

步骤 1：按题目要求设置幻灯片版式。选中第四张幻灯片，切换到"开始"选项卡，单击"幻灯片"组中的"版式"按钮，在弹出的下拉列表中选择"两栏内容"选项。

步骤 2：按题目要求插入图片。在第四张幻灯片中，单击右侧文本框中的"图片"按钮，弹出"插入图片"对话框。找到并选中实操模拟二文件夹下名为"shuijing2.jpg"的图片文件，单击"插入"按钮。

步骤 3：按题目要求设置图片大小和位置。选中插入的图片，在"图片工具"|"格式"选项卡中，单击"大小"组右下角的"大小和位置"按钮。在右侧的"设置图片格式"窗格中，设置"高度"为"8 厘米"，勾选"锁定纵横比"复选框。单击"位置"按钮将其展开，设置"水平位置"为"13 厘米"，从"左上角"，设置"垂直位置"为"5 厘米"，从"左上角"，关闭窗格。

步骤 4：按题目要求设置图片动画效果。选中第四张幻灯片中插入的图片，在"动画"选项卡"动画"组中单击"其他"按钮，在弹出的下拉列表中选择"进入"下的"浮入"选项。单击"效果选项"按钮，在弹出的下拉列表中选择"下浮"选项。

6. 解题步骤

步骤 1：按题目要求设置幻灯片版式。选中第五张幻灯片，切换到"开始"选项卡，单击"幻灯片"组中的"版式"按钮，在弹出的下拉列表中选择"标题和内容"选项。

步骤 2：按题目要求转换 SmartArt 图形。选中第五张幻灯片文本框内容，单击鼠标右键，在弹出的快捷菜单中选择"转换为 SmartArt"选项，再选择"其他 SmartArt 图形"选项，弹出"SmartArt 图形"对话框。在"流程"组中选择"基本日程表"，单击"确定"按钮；在"SmartArt 工具"|"设计"选项卡"SmartArt 样式"组中，单击"其他"下拉按钮，选择"三维/优雅"选项。

步骤 3：按题目要求为 SmartArt 图形添加动画效果。选中 SmartArt 图形，切换到"动画"选项卡，单击"动画"组中的"其他"按钮，在弹出的下拉列表中选择"更多进入效果"选项，弹出"更改进入效果"对话框。选择"弹跳"选项，单击"确定"按钮。单击"效果选项"按钮，在弹出的下拉列表中选择"逐个"选项。

步骤 4：按题目要求设置标题动画。选中第五张幻灯片标题，在"动画"选项卡"动画"组中单击"其他"按钮，在弹出的下拉列表中选择"更多进入效果"选项，弹出"更改进入效果"对话框。选择"圆形扩展"，单击"确定"按钮，单击"效果选项"按钮，在弹出的下拉列表中选择"菱形"选项。

步骤 5：按题目要求设置动画顺序。选中标题，在"动画"选项卡"计时"组中，设置"开始"为"与上一动画同时"，单击"向前移动"按钮设置动画顺序。

7. 解题步骤

步骤 1：按题目要求设置幻灯片切换效果。按住 Ctrl 键的同时，分别选中第 1、第 3、第 5 张幻灯片，切换到"切换"选项卡，单击"切换到此幻灯片"组中的"其他"按钮，在弹出的下拉列表中选择"细微"下的"揭开"选项，单击"效果选项"按钮，在弹出的下拉列表中选择"从右下部"选项；同上，设置第 2、第 4 张幻灯片的切换效果为"梳理"，效果选项为"垂直"。

步骤 2：保存演示文稿。

实操模拟题三解析

一、基本操作

解题步骤

1. 移动文件和文件命名

（1）打开实操模拟三文件夹下 AAA\WANG 文件夹，选定 BOOK.PRG 文件。
（2）选择"编辑"|"剪切"命令，或按快捷键 Ctrl+X。
（3）打开实操模拟三文件夹下 CCC 文件夹。
（4）选择"编辑"|"粘贴"命令，或按快捷键 Ctrl+V。
（5）选定移动来的文件并按 F2 键，此时文件（文件夹）的名字处呈现蓝色可编辑状态，编辑名称为题目指定的名称 TEXT.PRG。

2. 删除文件

（1）打开实操模拟三文件夹下 BBB 文件夹，选定 JIANG.TMP 文件。
（2）按 Delete 键，弹出"删除文件"对话框。
（3）单击"是"按钮，将文件（文件夹）删除到回收站。

3. 复制文件

（1）打开实操模拟三文件夹下 FFF 文件夹，选定 SONG.FOR 文件。
（2）选择"编辑"|"复制"命令，或按快捷键 Ctrl+C。
（3）打开实操模拟三文件夹下 GGG 文件夹，选择"编辑"|"粘贴"命令，或按快捷键 Ctrl+V。

4. 新建文件夹

（1）打开实操模拟三文件夹下的 DDD 文件夹。
（2）选择"文件"|"新建"|"文件夹"命令，或单击鼠标右键，在弹出的下拉列表中，选择"新建"|"文件夹"命令，即可生成新的文件夹，此文件（文件夹）的名字处呈现蓝色可编辑状态，编辑名称为题目指定的名称 YANG。

5. 设置文件属性

（1）打开实操模拟三文件夹下 EEE\DENG 文件夹，选定 OWER.DBF 文件。
（2）选择"文件"|"属性"命令，或单击鼠标右键，在弹出的快捷菜单中，选择"属性"命令，即可打开"属性"对话框。
（3）在"属性"对话框中勾选"隐藏"属性，单击"确定"按钮。

二、上网

1. 🖉 解题步骤

步骤 1：单击"工具箱"按钮，在弹出的下拉列表中选择"启动浏览器仿真"命令，在弹出的"仿真浏览器"地址栏中输入网址"HTTP://LOCALHOST/index.html"并按 Enter 键。

步骤 2：在打开的页面中单击"盛唐诗韵"字样，在弹出的页面中单击"杜甫"字样，再单击"代表作"字样，然后单击左上角的"文件"菜单，在弹出的下拉列表中选择"另存为"命令，弹出"另存为"对话框。将"文件名"修改为"DFDBZ"，将"保存类型"修改为"文本文件（*.txt）"，单击"保存"按钮。最后，关闭"仿真浏览器"窗口。

2. 🖉 解题步骤

步骤 1：单击"工具箱"按钮，在弹出的下拉列表中选择"启动 Outlook Express 仿真"命令，在弹出的"Outlook Express 仿真"窗口中单击"创建邮件"按钮，弹出"新邮件"窗口。在"收件人"框中输入"lp@163.com"，在"抄送"框中输入"jjgl@qq.com"，在"内容"框中输入"刘老师：根据学校要求，请按照附件表格要求填写信息，并于 3 日内返回，谢谢！"。

步骤 2：单击"附件"按钮，在弹出的"打开"对话框中找到并选中实操模拟三文件夹下的"统计.xlsx"，单击"打开"按钮。单击"发送"按钮，在弹出的提示对话框中单击"确定"按钮。

步骤 3：单击"工具"菜单，在弹出的下拉列表中选择"通讯簿"命令，弹出"通讯簿"窗口。单击"新建"下拉按钮，在弹出的下拉列表中选择"新建联系人"选项，弹出"属性"对话框。在"姓名"框中输入"刘鹏"，在"电子邮箱"框中输入"lp@163.com"，单击"确定"按钮。最后关闭"Outlook Express 仿真"窗口。

三、字处理

1. 🖉 解题步骤

步骤 1：在实操模拟三文件夹下打开 WORD.docx 文件，按题目要求替换文字。在"开始"选项卡的"编辑"组中，单击"替换"按钮，弹出"查找和替换"对话框。在"查找内容"框中输入"中朝"，在"替换为"框中输入"中超"，单击"全部替换"按钮，在弹出的提示框中单击"确定"按钮，返回到"查找和替换"对话框，最后单击"关闭"按钮。

步骤 2：按题目要求设置标题段字体。选中标题段，切换到"开始"选项卡，单击"字体"组右下角的对话框启动器按钮，弹出"字体"对话框。在"字体"选项卡中，设置"中文字体"为"微软雅黑"，"字号"为"小二"号，"字体颜色"为"标准色/蓝色"，单击"确定"按钮。单击"字体"组中的"文字效果和版式"下拉按钮，选择"发光"下的"发光变体/橙色，5pt 发光，个性色 6"，单击"字体"组中的"字体颜色"下拉按钮，选择"渐变"下的"深色变体/从左下角"。

步骤 3：按题目要求设置标题段的底纹属性。选中标题段，单击"开始"选项卡下"段落"组的"底纹"下拉按钮,在弹出的下拉列表中选择"标准色/浅绿色"。

步骤 4：按题目要求设置标题段的段落属性。选中标题段，单击"开始"选项卡下"段落"组的"居中"按钮。单击"中文版式"下拉按钮，在下拉列表中选择"调整宽度"选项，弹出"调整宽度"对话框。设置"新文字宽度"为"10 字符"，单击"确定"按钮。单击"段落"组右下角的启动对话框按钮，弹出"段落"对话框。在"间距"选项组中设置"段前""段后"均为"0.5 行"，单击"确定"按钮。

2. 解题步骤

步骤 1：按题目要求设置页面纸张。切换到"布局"选项卡，单击"页面设置"组中的"纸张大小"按钮，在弹出的下拉列表中选择"其他纸张大小"选项，弹出"页面设置"对话框。在"纸张"选项卡中，设置"宽度"为"19.5 厘米"，"高度"为"27 厘米"，单击"确定"按钮。

步骤 2：按题目要求设置页面边距。在"布局"选项卡中，单击"页面设置"组中的"页边距"按钮，在弹出的下拉列表中选择"自定义边距"选项，弹出"页面设置"对话框。在"页边距"选项卡中，设置页边距"左""右"均为"3 厘米"，单击"确定"按钮。

步骤 3：按题目要求插入页码。切换到"插入"选项卡，单击"页眉和页脚"组中的"页码"下拉按钮，在下拉列表中选择"页面底端"下的"星型"。单击"页眉和页脚工具"|"设计"选项卡下"页眉和页脚"组的"页码"下拉按钮，在下拉列表中选择"设置页码格式"选项，弹出"页码格式"对话框。在"编号格式"中选择"甲，乙，丙"，勾选对话框中的"起始页码"单选按钮，设置"起始页码"为"丙"，单击"确定"按钮。最后单击"关闭"组中"关闭页眉和页脚"按钮。

步骤 4：按题目要求设置页面背景。切换到"设计"选项卡中单击"页面背景"组中的"页面颜色"下拉按钮，在下拉列表中选择"填充效果"选项，弹出"填充效果"对话框。切换到"图案"选项卡，在"图案"中选择"小纸屑"，设置"前景"为"水绿色、个性色 5、淡色 80%"，"背景"为"橙色、个性色 6、淡色 80%"，单击"确定"按钮。

步骤 5：按题目要求设置页面边框。切换到"设计"选项卡，单击"页面背景"组中的"页面边框"按钮，弹出"边框和底纹"对话框。在"页面边框"选项卡下的"设置"选项组中选择"方框"，设置"颜色"为"标准色/深红色"，在"宽度"下拉列表中选择"1.0 磅"，单击"确定"按钮。

步骤 6：按题目要求设置文档属性。单击"文件"选项卡，在弹出的菜单中选择"信息"选项，在"信息"区域中单击"属性"下拉按钮，在下拉列表中选择"高级属性"命令，弹出"WORD.docx 属性"对话框，设置"标题"为"中超第 27 轮前瞻"，"单位"为"NCRE"，单击"确定"按钮。

步骤 7：按题目要求添加页眉。切换到"插入"选项卡，单击"页眉和页脚"组中的"页眉"按钮，在弹出的下拉列表中选择"边线型"，然后在页眉中输入内容"体育新闻"。最后，在"页眉和页脚工具"|"设计"选项卡的"关闭"组中，单击"关闭页眉和页脚"按钮。

步骤 8：按题目要求为文档插入封面。在"插入"选项卡"页面"组中，单击"封面"下拉按钮，在下拉列表中选择"花丝"，文档"标题""公司"默认为"中超第 27 轮前瞻""NCRE"；单击"日期"右侧下拉按钮，在下拉列表中选择"2021-12-2"，在"地址"中输入"北京市海淀区"。

3. ✎ 解题步骤

步骤 1：按题目要求设置正文段落属性。选中正文各段落（北京时间……目标。），在"开始"选项卡中，单击"段落"组右下角的对话框启动器按钮，弹出"段落"对话框。在"缩进"选项组中设置"左侧""右侧"均为"1 字符"，在"间距"选项组中设置"段前"为"0.5 行"，单击"确定"按钮。

步骤 2：按题目要求设置正文字体。选中正文各段落（北京时间……目标。），切换到"开始"选项卡的"字体"组中，在"字体"下拉列表中选择"黑体"，"字体颜色"下拉列表中选择"标准色/深红"。

步骤 3：按题目要求设置首字下沉。选中正文第一段（"北京时间……产生。"），切换到"插入"选项卡，单击"文本"组中的"添加首字下沉"按钮，在下拉列表中选择"首字下沉选项"，弹出"首字下沉"对话框。在"位置"中选择"下沉"，设置"下沉行数"为"2"，"距正文"为"0.2 厘米"，单击"确定"按钮。

步骤 4：按题目要求设置段落属性。选中段落（"6 日下午……目标。"），切换到"开始"选项卡，单击"段落"组中右下角的对话框启动器按钮，弹出"段落"对话框。在"缩进"选项组中，设置段落"特殊格式"为"首行缩进"，"缩进值"默认为"2 字符"，单击"确定"按钮。

步骤 5：按题目要求分栏。选中正文第三段（"5 日下午……目标。"），切换到"布局"选项卡，单击"页面设置"组中的"分栏"按钮，在下拉列表中选择"更多分栏"选项，弹出"分栏"对话框。在"预设"中选择"三栏"，默认勾选"栏宽相等"复选框，勾选"分隔线"复选框，单击"确定"按钮。

4. ✎ 解题步骤

步骤 1：按照题目要求将文字转换成表格。选中最后 8 行文字，切换到"插入"选项卡，单击"表格"组中的"表格"按钮，在弹出的下拉列表中选择"文本转换成表格"选项，弹出"将文字转换成表格"对话框，单击"确定"按钮。

步骤 2：按题目要求设置表格的列宽。选中整个表格，在"表格工具"|"布局"选项卡的"单元格大小"组中，设置"表格行高"为"0.7 厘米"，"表格列宽"为"1.5 厘米"。同理，选中表格第二列，设置"表格列宽"为"3 厘米"。

步骤 3：选中单元格，在"表格工具"|"布局"选项卡中单击"对齐方式"组中的"单元格边距"按钮，弹出"表格选项"对话框。在"默认单元格边距"选项组中设置"左"和"右"均为"0.25 厘米"，单击"确定"按钮。

步骤 4：按题目要求设置表格和表内文字。选中整个表格，在"开始"选项卡的"段落"组中，单击"居中"按钮，选中表格中所有文字，在"开始"选项卡的"字体"组中单击"加粗"按钮，在"表格工具"|"布局"选项卡的"对齐方式"组中，单击"水平居中"按钮。

步骤 5：按题目要求添加脚注。将光标放置在表标题（"2013 赛季……积分榜（前八名）"）行末尾，在"引用"选项卡的"脚注"组中，单击"插入脚注"按钮，在脚注"1."之后输入文字"资料来源：北方网"。

步骤 6：按题目要求设置表标题段落属性。选中表标题，在"开始"选项卡中，单击"段落"组右下角的对话框启动器按钮，弹出"段落"对话框。在"间距"选项组中设置"段前"为"1.5 行"，单击"确定"按钮。

5. ✐ 解题步骤

步骤 1：按题目要求输入行。单击表格第四行的任意单元格，在"表格工具"|"布局"选项卡的"行和列"组中单击"在下方插入"按钮。在新插入行的第一个单元格中输入"4"，并依次分别在单元格中输入"贵州人和""10""11""5""41"

步骤 2：按题目要求对表格进行排序。单击表格任一单元格，在"表格工具"|"布局"选项卡的"数据"组中，单击"排序"按钮，弹出"排序"对话框。在"列表"选项组中勾选"有标题行"单选按钮。设置"主要关键字为""平"，"类型"为"数字"，勾选"降序"单选按钮，单击"确定"按钮。

步骤 3：按题目要求设置表格框线。选中表格，在"表格工具"|"设计"选项卡的"边框"组中，单击右下角的对话框启动器按钮，弹出"边框和底纹"对话框。在"设置"选项组中，选择"方框"，设置"样式"为"双窄线"，"颜色"为"标准色/红色"，"宽度"为"0.75磅"。再单击"自定义"按钮，设置"样式"为"单实线"，"颜色"为"标准色/红色"，"宽度"为"0.5 磅"，在预览区中单击中心位置添加内部框线。在预览区中单击左右两侧框线取消外框线，最后单击"确定"按钮。

步骤 4：按题目要求设置表格底纹。选中表格第一行，在"表格工具"|"设计"选项卡"表格样式"组中，单击"底纹"下拉按钮，在弹出的下拉框中选择"白色，背景1，深色25%"。

步骤 5：保存并关闭 WORD.docx 文件。

四、电子表格

1. ✐ 解题步骤

步骤 1：在实操模拟三文件夹下打开 Excel.xlsx 文件。

步骤 2：按题目要求合并单元格并使内容居中。选中的 A1:G1 单元格区域，在"开始"选项卡的"对齐方式"组中，单击"合并后居中"按钮。

步骤 3：计算"总成绩"列内容。在 F3 单元格中输入公式"=C3*50%+D3*30%+E3*20%"，并按 Enter 键。选中 F3 单元格，将鼠标指针移动到该单元格右下角的填充柄上，当鼠标指针变为十字"+"时，按住鼠标左键不放并拖动单元格填充柄到 F34 单元格，释放鼠标左键。

步骤 4：按题目要求设置单元格属性。选中 F3:F34 单元格区域，单击鼠标右键，在弹出的下拉列表中选择"设置单元格格式"选项，弹出"设置单元格格式"对话框。在"数字"选项卡中，选择"分类"中的"数值"，设置"小数位数"为"1"，单击"确定"按钮。

步骤 5：计算"成绩排名"列内容。在 G3 单元格中输入公式"=RANK.EQ(F3,$F$3:$F$34,0)"，并按 Enter 键，选中 G3 单元格将鼠标指针移动到该单元格右下角的填充柄上，当鼠标指针变为十字"+"时，按住鼠标左键不放并拖动单元格填充柄到 G34 单元格，释放鼠标左键。

步骤 6：计算每组学生每部分成绩的平均值。在 I3 单元格中输入公式"=AVERAGEIF

($B$3:$B$34,H3,$C$3:$C$34)",并按 Enter 键,选中 I3 单元格,将鼠标指针移动到该单元格右下角的填充柄上,当鼠标指针变为十字"+"时,按住鼠标左键不放并拖动单元格填充柄到 I6 单元格,释放鼠标左键。在 J3 单元格中输入公式"=AVERAGEIF($B$3:$B$34,H3,$D$3:$D$34)",按 Enter 键,并按上述相同操作将填充句柄拖动至 J6 单元格。在 K3 单元格中输入公式"=AVERAGEIF($B$3:$B$34,H3,$E$3:$E$34)",按 Enter 键,并按上述相同操作将填充句柄拖动至 K6 单元格。在 L3 单元格中输入公式"=AVERAGEIF($B$3:$B$34,H3,$F$3:$F$34)",按 Enter 键,并按上述相同操作将填充句柄拖动至 L6 单元格。

步骤 7:按题目要求设置单元格属性。选中 I3:L6 单元格区域,单击鼠标右键,在弹出的下拉列表中选择"设置单元格格式"选项,弹出"设置单元格格式"对话框。在"数字"选项卡中,选择"分类"中的"数值",设置"小数位数"为"2",单击"确定"按钮。

步骤 8:按题目要求设置条件格式。选中 F3:F34 数据区域,在"开始"选项卡的"样式"组中,单击"条件格式"按钮,在弹出的下拉列表中选择"项目选取规则"中的"前 10%" 选项,弹出"前 10%"对话框。在"为值最大的那些单元格设置格式"中输入"30",在"设置为"下拉列表中选择"绿填充色深绿色文本",单击"确定"按钮。

步骤 9:按题目要求设置条件格式。选中 G3:G34 数据区域,在"开始"选项卡的"样式"组中单击"条件格式"按钮,在弹出的下拉列表中选择"数据条"中的"其他规则"选项,弹出"新建格式规则"对话框。在"条形图外观"中设置"填充"方式为"渐变填充","颜色"为"红色、个性色 2、淡色 60%","条形图方向"为"从右到左",单击"确定"按钮。

2. 解题步骤

步骤 1:按照题目要求建立"状柱形图"。选中 H2:L6 数据区域,切换到"插入"选项卡下,单击"图表"组中的"插入柱形图或条形图"按钮,在弹出的下拉列表中选择"二维柱形图"下的"簇状柱形图"。

步骤 2:按照题目要求设置图例。在"图表工具"|"设计"选项卡的"图表布局"组中,单击"添加图表元素"按钮,在弹出的下拉列表中选择"图例",在级联列表中选择"顶部"。

步骤 3:按照题目要求设置垂直坐标轴。选中图表左侧的垂直坐标轴,右击,在弹出的快捷菜单中选择"设置坐标轴格式"选项,右侧弹出"设置坐标轴格式"任务窗格。在"坐标轴选项"选项卡"边界"组中设置"最大值"为"88.0","最小值"为"70.0",单击"刻度线"将其展开,设置"主要类型"为"交叉","次要类型"为"内部",最后单击窗格右上角的"关闭"按钮。

步骤 4:按照题目要求设置图表标题。修改图表标题为"各部分平均成绩统计图"。

步骤 5:调整图的大小并移动到指定位置。选中图表,按住鼠标左键不放并拖动图表,使得图表左上角在 H8 单元格区域内,通过放大或者缩小图表使其在 H8:L22 单元格区域内。

步骤 6:按题目要求修改工作表名称。在 Excel 工作簿左下方区域,双击 Sheet1 工作表表名,将其更改为"学生成绩统计表"。

3. 解题步骤

步骤 1:按题目要求对表格进行排序。切换到"产品销售情况表"工作表中,单击数据清单中任一单元格，在"数据"选项卡"排序和筛选"组中，单击"排序"按钮，弹出"排序"对话框。设置"主要关键字"为"季度"，"次序"为"升序"。单击"添加条件"按钮，设置"次要关键字"为"产品名称"，"次序"为"降序"，单击"确定"按钮。

步骤 2：按题目要求建立数据透视表。将光标置于任意带有数据的单元格内，在"插入"选项卡中单击"表格"组中的"数据透视表"按钮，弹出"创建数据透视表"对话框。在"选择放置数据透视表的位置"中选择"现有工作表"单选按钮，将"位置"设置为"H6:L16"单元格区域，单击"确定"按钮。

步骤 3：按题目要求添加透视表字段。添加数据透视表后，在工作表右侧出现"数据透视表字段"窗格。在窗口中拖动"产品名称"到"行"区域，拖动"季度"到"列"区域，拖动"销售数量"到"值"区域，最后关闭"数据透视表字段"窗口。

步骤 4：保存并关闭 Excel.xlsx 文件。

五、演示文稿

1. 解题步骤

步骤 1：在实操模拟三文件夹下打开 yswg.pptx 文件，按题目要求设置全部幻灯片主题。在"设计"选项卡中，单击"主题"组中的"其他"按钮，在弹出的下拉列表中选择"环保"。

步骤 2：按照题目要求设置幻灯片大小。单击"设计"选项卡下"自定义"组中的"幻灯片大小"按钮，在下拉列表中选择"自定义幻灯片大小"，弹出"幻灯片大小"对话框。将"幻灯片大小"选择为"全屏显示（16:9）"，单击"确定"按钮，在弹出的对话框中选择"确保合适"。

步骤 3：按照题目要求设置幻灯片放映方式。单击"幻灯片放映"选项卡下"设置"组中的"设置幻灯片放映"，弹出"设置放映方式"对话框，将"放映类型"设置为"观众自行浏览（窗口）"。

2. 解题步骤

步骤 1：按题目要求插入新幻灯片。鼠标单击左侧缩略图窗格第一张幻灯片之前的位置，单击"插入"选项卡下"幻灯片"组中的"新建幻灯片"下拉按钮，在下拉列表中选择"空白"版式。

步骤 2：按照题目要求插入艺术字、设置艺术字文本效果。单击"插入"选项卡下"文本"组中的"艺术字"，在下拉列表中选择"渐变填充-红色，着色 4，轮廓-着色 4"样式，在文本框中输入文本"带薪年休假制度落实难"，选中文本内容，在"开始"选项卡下"字体"组中将"字号"设置为"66"，继续选中艺术字文本内容，单击"绘图工具"|"格式"选项卡下"艺术字样式"组中的"文本效果"，在下拉列表中选择"转换/弯曲/双波形 2"。

步骤 3：按题目要求设置艺术字动画。选中艺术字文本框，单击"动画"选项卡下"动画"组中的"强调/加深"效果。

3. 解题步骤

步骤 1：按题目要求设置幻灯片版式并输入标题内容。选中第二张幻灯片，在"开始"选项卡中，单击"幻灯片"组中的"版式"按钮，在弹出的下拉列表中选择"两栏内容"，在标题区域输入内容"黄金周 人山人海之痛"。

步骤 2：按题目要求插入图片。单击第二张幻灯片右侧文本框中的"图片"按钮，弹出"插入图片"对话框。找到并选中实操模拟三文件夹下 pptl.png 图片文件，单击"插入"按钮。

步骤 3：按题目要求设置动画效果。选中第二张幻灯片右侧的图片对象。切换到"动画"功能区，单击"动画"组中的"其他"按钮，在弹出的下拉列表中选择"强调/变淡"效果。

4. 解题步骤

步骤 1：按题目要求新建幻灯片。在左侧的缩略图窗格选中第 2 张幻灯片，单击"插入"选项卡下"幻灯片"组中的"新建幻灯片"下拉按钮，在下拉列表中选择"标题和内容"版式。在标题文本框中输入标题文本"带薪年休假制度落实难的原因分析"。

步骤 2：按题目要求插入表格对象。单击内容文本框中的"插入表格"按钮，弹出"插入表格"对话框。在对话框中设置"列数"为"2"，"行数"为"4"，单击"确定"按钮。

步骤 3：按照题目要求设置表格内容。在表格第 1 行的第 1～2 列依次录入"方面"和"原因分析"；打开实操模拟三文件夹下的"ppt1.txt"文件，将相关文本复制到表格对应的单元格中。

步骤 4：按照题目要求设置表格内容对齐方式。选中表格中所有内容，单击"表格工具"|"布局"选项卡下"对齐方式"组中的"居中"和"垂直居中"按钮。

5. 解题步骤

步骤 1：按题目要求插入新幻灯片。鼠标单击选中左侧的缩略图窗格最后一张幻灯片，单击"开始"选项卡下"幻灯片"组中的"新建幻灯片"下拉按钮，在下拉列表中选择"空白"版式。

步骤 2：按照题目要求插入 SmartArt 图形对象。单击"插入"选项卡下"插图"组中的"SmartArt"，弹出"选择 SmartArt 图形"对话框。在左侧的列表框中选择"关系"，在右侧选中"聚合射线"类型，单击"确定"按钮。

步骤 3：按照题目要求输入 SmartArt 对象文本及设置样式。选中 SmartArt 对象，在"SmartArt 工具"|"设计"选项卡下"SmartArt 样式"组中单击"其他"下拉按钮，选择"优雅"样式。打开实操模拟三文件夹下的"PPT2.txt"，将相关文本复制到 SmartArt 对应的图形中；在默认情况下"聚合射线"类型的 SmartArt 对象仅有三个分项图形，这里需要添加一个分项形状，操作步骤为：单击"SmartArt 工具"|"设计"选项卡下"创建图形"组中的"添加形状"下拉按钮，在下拉列表中选择"在下方添加形状"（若新添加的图形不能直接输入文本，可以在图形中单击鼠标右键，在弹出的快捷菜单中选择"编辑文字"选项）。

步骤 4：按照题目要求设置动画效果。选中 SmartArt 对象，单击"动画"选项卡下"动画"组中的"进入/飞入"效果。

步骤 5：按题目要求设置全部幻灯片切换方案。选中第一张幻灯片，切换到"切换"功能区，单击"切换到此幻灯片"组中的"其他"按钮，在弹出的下拉列表中选择"华丽"下的"百叶窗"。单击"效果选项"按钮，在弹出的下拉列表中选择"水平"。单击"计时"组中的"全部应用"按钮。

步骤 6：保存并关闭 yswg.pptx 文件。

习题参考答案

项目1

一、单项选择题

1. B	2. A	3. C	4. D	5. C	6. C	7. A	8. B	9. C	10. D
11. A	12. C	13. D	14. C	15. D	16. A	17. D	18. D	19. B	20. A
21. B	22. C	23. A	24. D	25. C	26. B	27. C	28. C	29. B	30. C
31. A	32. D	33. A	34. C	35. C	36. B	37. C	38. B	39. A	40. C
41. C	42. C	43. D	44. A	45. C	46. C	47. B	48. C	49. C	50. D
51. C	52. B	53. B	54. A	55. C	56. C	57. C	58. C	59. D	60. D
61. B	62. D	63. C	64. A	65. C	66. C	67. C	68. C	69. C	70. C
71. D	72. A	73. C	74. D	75. D	76. B	77. C	78. C	79. D	80. C
81. A	82. B	83. C	84. B	85. C	86. A	87. C	88. C	89. C	90. D
91. B	92. A	93. C	94. C	95. C	96. B	97. B	98. C	99. D	100. B

二、判断题

1. √	2. ×	3. ×	4. ×	5. ×	6. √	7. √	8. ×	9. √
10. √	11. √	12. ×	13. ×	14. ×	15. ×	16. √	17. √	18. ×
19. √	20. √							

项目2

一、单项选择题

1. B	2. B	3. A	4. C	5. D	6. C	7. A	8. B	9. C	10. C
11. B	12. B	13. D	14. A	15. C	16. D	17. A	18. C	19. B	20. A
21. B	22. C	23. D	24. C	25. D	26. B	27. C	28. B	29. A	30. D
31. B	32. C	33. D	34. C	35. A	36. D	37. B	38. A	39. C	40. A
41. B	42. C	43. A	44. A	45. B	46. D	47. B	48. C	49. B	50. D
51. C	52. A	53. B	54. C	55. B	56. C	57. A	58. B	59. C	60. C
61. D	62. B	63. D	64. C	65. D	66. C	67. A	68. A	69. D	70. C
71. B	72. B	73. C	74. D	75. B	76. C	77. B	78. B	79. B	80. C
81. D	82. D	83. D	84. D	85. C	86. A	87. D	88. C	89. C	90. B

91．C 92．C 93．D 94．A 95．D 96．B 97．A 98．C 99．B
100．A

二、判断题

1．× 2．√ 3．√ 4．√ 5．√ 6．× 7．√ 8．× 9．×
10．√ 11．√ 12．× 13．× 14．√ 15．√ 16．√ 17．√ 18．√
19．√ 20．×

项目3

一、单项选择题

1．A 2．A 3．B 4．C 5．C 6．A 7．A 8．D 9．B 10．A
11．C 12．B 13．A 14．B 15．A 16．D 17．B 18．B 19．B 20．A
21．D 22．A 23．C 24．B 25．B 26．C 27．C 28．B 29．B 30．B
31．A 32．A 33．B 34．C 35．B 36．C 37．C 38．B 39．C 40．B
41．B 42．B 43．C 44．D 45．A 46．D 47．A 48．C 49．C 50．B

二、判断题

1．× 2．√ 3．√ 4．√ 5．× 6．× 7．× 8．× 9．√
10．× 11．√ 12．× 13．√ 14．√ 15．√ 16．√ 17．√ 18．×
19．× 20．√ 21．√ 22．√ 23．√ 24．× 25．√ 26．√ 27．√
28．× 29．× 30．√

项目4

一、单项选择题

1．A 2．B 3．D 4．C 5．B 6．A 7．D 8．C 9．D 10．C
11．D 12．B 13．A 14．C 15．D 16．C 17．A 18．A 19．C 20．B
21．C 22．B 23．A 24．B 25．B 26．C 27．D 28．B 29．C 30．D
31．A 32．D 33．B 34．B 35．A 36．C 37．B 38．A 39．D 40．B
41．C 42．D 43．B 44．A 45．D 46．B 47．B 48．B 49．C 50．A
51．B 52．A 53．A 54．A 55．B 56．C 57．D 58．D 59．C 60．A
61．A 62．A 63．D 64．B 65．C 66．A 67．A 68．D 69．D 70．B

二、判断题

1. ×　2. √　3. ×　4. ×　5. √　6. ×　7. √　8. √　9. √
10. ×　11. ×　12. ×　13. √　14. √　15. √　16. ×　17. ×　18. ×
19. √　20. ×

项目 5

一、单项选择题

1. A　2. D　3. B　4. A　5. A　6. C　7. A　8. D　9. B　10. B
11. B　12. B　13. A　14. C　15. A　16. D　17. B　18. C　19. A　20. B
21. C　22. B　23. C　24. D　25. C　26. B　27. B　28. A　29. B　30. C
31. A　32. D　33. D　34. D　35. D　36. C　37. A　38. C　39. B　40. B

二、判断题

1. √　2. ×　3. ×　4. ×　5. √　6. √　7. √　8. ×　9. √
10. ×　11. √　12. ×　13. ×　14. √　15. √　16. √　17. √　18. √
19. √　20. √　21. √　22. ×　23. √　24. √　25. √　26. ×　27. √
28. ×　29. √　30. √

项目 6

一、单项选择题

1. D　2. A　3. D　4. A　5. B　6. A　7. C　8. C　9. A　10. B
11. C　12. D　13. B　14. A　15. B　16. C　17. A　18. A　19. B　20. D
21. D　22. B　23. D　24. C　25. C　26. A　27. B　28. C　29. A　30. B
31. C　32. A　33. C　34. B　35. A　36. B　37. C　38. D　39. D　40. C

二、判断题

1. √　2. ×　3. √　4. ×　5. ×　6. √　7. ×　8. √　9. √
10. √　11. ×　12. ×　13. √　14. ×　15. √　16. ×　17. ×　18. √
19. ×　20. √

项目7

一、单项选择题

1. C 2. A 3. C 4. C 5. B 6. D 7. A 8. C 9. C 10. A

项目8

一、单项选择题

1. A 2. B 3. C 4. D 5. B 6. C 7. C 8. D 9. B 10. C
11. D 12. C 13. A 14. B 15. D 16. C 17. B 18. A 19. A 20. A

二、判断题

1. × 2. √ 3. × 4. × 5. √ 6. √ 7. × 8. × 9. √
10. √

项目 7

一、单项选择题

1. C 2. A 3. C 4. C 5. D 6. D 7. A 8. C 9. C 10. A

项目 8

一、单项选择题

1. A 2. B 3. C 4. D 5. B 6. C 7. C 8. D 9. B 10. C
11. D 12. C 13. A 14. B 15. D 16. C 17. B 18. A 19. A 20. A

二、判断题

1. × 2. √ 3. √ 4. × 5. √ 6. √ 7. × 8. × 9. √
10. √